U0259654

跟着视频学品茶

康清梅　主编

江西科学技术出版社

图书在版编目（ＣＩＰ）数据

跟着视频学品茶 / 康清梅主编. -- 南昌 ： 江西科学技术出版社，2018.7
ISBN 978-7-5390-6110-8

Ⅰ．①跟… Ⅱ．①康… Ⅲ．①品茶－基本知识 Ⅳ．①TS971.21

中国版本图书馆CIP数据核字(2017)第257119号

选题序号：ZK2017337
图书代码：D17095-101
责任编辑：张旭　李智玉

跟着视频学品茶
GENZHE SHIPIN XUE PINCHA

康清梅　主编

摄影摄像	深圳市金版文化发展股份有限公司	
美术编辑	黄佳	
出　　版	江西科学技术出版社	
社　　址	南昌市蓼洲街2号附1号	
	邮编：330009　电话：（0791）86623491　86639342（传真）	
发　　行	全国新华书店	
印　　刷	深圳市雅佳图印刷有限公司	
开　　本	711mm×1020mm　1/16	
字　　数	160 千字	
印　　张	10	
版　　次	2018年7月第1版　2018年7月第1次印刷	
书　　号	ISBN 978-7-5390-6110-8	
定　　价	46.80元	

赣版权登字：-03-2017-365

序言 Preface

关于茶的起源，有"神农尝百草，一日遇七十二毒，得茶而解之"的说法，这里的"荼"便是指茶。茶，始于凝聚了天地之灵气的植物，又经历了人们辛勤的劳作与智慧的加工，最后变成桌上的一盏香茗。饮茶即是天人合一的养生之道，又可成为具有艺术气息的乐事、雅事。在从古至今浩如烟海的茶客中，不乏众多文人雅士；而在民间，茶更是各民族劳动人民一日不可或缺的解乏、提神之佳饮。如果说世间有哪种饮品能如此雅俗共赏，则非茶莫属。

所谓"开门七件事，柴米油盐酱醋茶"，茶一直与人们的日常生活息息相关，也是现代人社交聚会的一种健康选择，无论来自何处、从事何种工作的人，都可以在一起品茶，或三五知己，或初次相遇，或开怀对饮，既清心健体，又怡情养性。

如果您想在家中泡茶，或独饮，或待客，需要掌握哪些基本的知识和技巧呢？本书就是这样一本教您从零开始学泡茶的书籍，从认识茶叶、茶区、茶的种类开始，进而了解泡茶的相关知识，包括茶具的选择、水质及水温的掌握、饮茶环境的营造、茶叶的选购与保存、泡茶的基本流程、如何品茶等内容。最后，书中精选了七大类 69 种最常见的茶，逐一为您介绍其特征、产地、品鉴方法，并分步详解其冲泡手法，每种茶均配有精美图片，便于您观赏品鉴其干茶、茶汤、叶底，其中 30 种茶的冲泡手法还配有视频二维码，用手机扫一扫就能观看茶艺师的标准示范，让您的学茶之路更加简单、便捷。

路漫漫其修远兮，泡茶、品茶是可以伴人终生的爱好，令人受益无穷。衷心地希望您能够通过这本书开启与茶的浪漫之旅！

目录 | CONTENTS |

Part 1 欢迎来到茶世界

Part 2 领略茶艺之美

目录｜CONTENTS｜

欢迎来到茶世界

了解茶的来龙去脉 ∨∨

在中国,茶素有『国饮』之称,其文化的形成和发展,非一朝一夕之事。本章将为您打开茶世界的大门,带您追寻中国茶文化的源头,了解中国茶文化的发展轨迹,细数从古至今饮茶方式的演变,同时为您解析茶与健康的关系,并教您掌握茶叶的制作流程、四大茶区的特点、七大茶类的区别等相关知识。闲暇之时,手执一杯香茗,看轻烟缭绕,闻悠悠茶香,细细品读源远流长的中国茶文化。

博大精深的茶文化

中国茶文化糅合了中国佛、儒、道诸派思想，独成一体。上至帝王将相、文人墨客、诸子百家，下至挑夫贩夫、平民百姓，无不以茶为好。

茶的历史

中国关于茶最早的记载是《神农本草经》："神农尝百草，一日遇七十二毒，得茶而解之。"陆羽的《茶经》中也说道："茶之为饮，发乎神农氏，闻于鲁周公。"可见，是神农氏时期发现了茶。

根据晋·常璩《华阳国志·巴志》，商末时候，巴国已把茶作为贡品献给周武王了。在《华阳国志》一书中，介绍了巴蜀地区人工栽培的茶园。

魏晋南北朝时期，茶产渐多，茶叶商品化。人们开始注重精工采制以提高质量，上等茶成为当时的贡品。魏晋时期佛教的兴盛也为茶的传播起到推动作用，为了更好地坐禅，僧人常饮茶以提神。有些名茶就是佛教和道教胜地最初种植的，如四川蒙顶、庐山云雾、黄山毛峰、龙井茶等。

茶叶生产在唐宋时期达到一个高峰。茶叶产地遍布长江、珠江流域和中原地区，各地对茶季、采茶、蒸压、制造、品质鉴评等已有深入研究，品茶成为文人雅士的日常活动，宋代还曾风行"斗茶"。

元明清时期是茶叶生产大发展的时期。人们制茶技术更高明，元代还出现了机械制茶技术。

明代是茶史上制茶发展最快、成就最大的朝代。朱元璋在茶业上立诏置贡奉龙团，对制茶技艺的发展起了一定的促进作用，也为现代制茶工艺的发展奠定良好基础，今天泡茶而非煮茶的传统就是明代茶叶制作技术的成果。

至清代，无论是茶叶种植面积还是制茶工业，规模都较前代扩大。

茶与文化

茶书： 在浩如烟海的文化典籍中，不但有专门论述茶叶的书，而且在史籍、方志、笔记、杂考和字书类古书中，也都记有大量关于茶事、茶史、茶法及茶叶生产技术的内容。其中最著名的当属唐代陆羽所著的《茶经》，它是世界上现存最早、最完整、最全面介绍茶的专著，被誉为"茶叶百科全书"。

茶诗： 众多历代著名诗人、文学家写过茶诗，从西晋到当代，茶诗作者近千人，茶诗更是不计其数。茶诗体裁多样，有古诗、律诗、试帖诗、绝句、宫词、联句、竹枝词、偈颂、俳句、新体诗歌以及宝塔诗、回文诗、顶真诗等。苏东坡一生就写了大量茶诗，如"我官于南今几时，尝尽溪茶与山茗"，在他的词作中也多有咏茶佳句，如"且将新火试新茶"。陆游的"晴窗细乳戏分茶"也是广被称引的名句。

茶艺： 茶艺包括选茗、择水、烹茶技术、茶具艺术、环境的选择创造等一系列内容，它渲染茶清纯、幽雅、质朴的气质，增强茶的艺术感染力，其过程体现形式和精神的相互统一，是饮茶活动过程中形成的文化现象。

茶人： "茶人"一词，历史上最早出现于唐代，单指从事茶叶采制生产的人，后来也将从事茶叶贸易和科研的人统称为茶人，还包括爱饮茶、喜爱茶叶的人。我国历史上许多文人甚至帝王都是著名的茶人，如白居易、苏轼、黄庭坚、陆游、郑板桥、蒲松龄、宋徽宗、乾隆等。

茶与健康

茶为药用，在我国已有 2700 年的历史，《神农本草》《茶谱》等书中对其药用价值有详细的记载。随着科技的发展，茶的保健作用得到了进一步的揭示。

● 茶叶的主要营养成分

1. 茶多酚

茶多酚不是一种物质，而是三十多种酚类物质的总称，包括儿茶素、黄酮类、花青素和酚酸等，具有抗氧化、抗菌、抗突变、抗癌、降低血压、防止动脉粥样硬化及心血管病等作用。茶多酚的含量占茶叶干物质总量的 20%～41%，在茶多酚总量中，儿茶素约占 70%，它是决定茶叶色、香、味的重要成分。

2. 茶多糖

茶多糖是一种酸性糖蛋白，并结合有大量的矿物质元素，具有降血糖、降血脂、降血压、增强免疫力、增加冠脉流量、抗血栓等作用，近些年来发现茶多糖还具有辅助治疗糖尿病的功效。从原料的老嫩来看，老叶的茶多糖含量比嫩叶多。

3. 茶氨酸

茶氨酸是茶叶中特有的氨基酸，是形成茶汤鲜爽度的重要成分，让茶汤具有润甜的口感和生津的作用，具有降血压、镇静、提高记忆力、减轻焦虑等作用。在新茶中，茶氨酸的含量约占 1%～2%，随茶叶发酵过程减少。

4. 生物碱

茶叶中的生物碱包括咖啡碱、可可碱和茶碱。其中，咖啡碱的含量最高，约占茶叶干物质总量的 2%～5%，它易溶于水，是形成茶叶滋味的重要物质，也是衡量茶品质优劣的指标之一，具有提神、利尿、促进血液循环、帮助消化等作用。

5. 维生素

茶叶中含有丰富的维生素，其中维生素 A 和维生素 C 含量较多，前者具有预防夜盲症、干眼症、白内障及维持上皮组织健康、抗癌的作用，后者具有抗氧化、抗衰老、防治坏血症和贫血、增强免疫力、预防流感、抗癌等作用。

6. 矿物质

茶叶中含有二十多种矿物质元素，包括氟、钙、磷、钾、硫、镁、锰、锌、硒、锗等。其中，氟对预防龋齿有明显的作用；硒对抗肿瘤有积极的作用；钾有维持心脏健康的作用；锰与骨骼代谢、生殖功能和心血管健康有关；锌有助于促进伤口愈合。

● 茶叶的健康功效

茶叶对人体的保健功效，既有来自长期经验的积累和总结，又有科学研究方法的印证。坚持饮茶，能促进内脏器官的健康及身体排毒，令人精神焕发。

1. 预防心血管疾病

茶多酚对人体的脂肪代谢有重要作用，尤其是茶多酚中的儿茶素及其氧化产物茶黄素等，有助于抑制动脉粥样化斑块的产生，降低使血液黏度增强的纤维蛋白原含量，从而起到预防心血管疾病发生的作用。

2. 消脂减肥

茶叶中的咖啡碱有助于分解脂肪。在各类茶叶中，绿茶、乌龙茶的消脂功效较为显著，乌龙茶还被作为中医临床减肥茶的主要原料使用，可防止身体吸收过度摄取的脂肪，并及时将其排出体外。

3. 延缓衰老

现代医学研究表明，体内自由基过多是导致老化的重要原因。人在 35 岁之后，身体清除自由基的能力会逐渐减弱，而常饮富含茶多酚、维生素 C 等抗氧化物质的茶，能够帮助身体清除自由基，延缓内脏器官的衰老。

4. 美容护肤

日本科学家研究发现，茶叶中的茶多酚能将人体内含有的黑色素吸附后排出体外。直接用茶水洗脸，更能清除面部油腻、收缩毛孔、防止皮肤老化、减轻紫外线辐射对皮肤的伤害。

5. 帮助消化

茶叶中的咖啡碱和儿茶素有松弛消化道的作用，可改善胃肠功能，有助于消化。同时，茶叶中的有效物质还能及时清除消化道内的有害物质，预防消化道疾病的发生。

6. 提神醒脑

茶叶中的咖啡碱能兴奋人体的中枢神经，增强大脑皮层的兴奋过程，促进新陈代谢和血液循环，增强心脏动力，从而使茶具有减少疲倦、提神益思的作用。

7. 减轻辐射伤害

辐射对人体的损伤主要是自由基引发的多种连锁反应，茶叶中含有较多的茶多酚、咖啡碱和维生素 C，这些物质都有去除自由基的作用，因而有助于减轻电脑或电视辐射对身体的不良影响。

8. 防癌抗癌

研究证明，茶叶中的茶多酚有显著的抗基因突变效果，并能有效阻断人体内亚硝酸铵等多种致癌物质在体内合成，还具有直接杀伤癌细胞和提高机体免疫力的能力，对胃癌、肠癌等多种癌症有预防作用。

茶叶的制作

从茶树上绿油油的叶子，到或扁或圆、或紧结或蜷曲的干茶，经历了多道复杂繁琐的制作过程。茶叶的制作需要制茶师的丰富经验，以及对时间的恰当把握。

1. 采摘	茶树一年可生长4～6轮芽叶，此时即为采茶时节，一般采收嫩芽和嫩叶，依茶叶的不同可有一芽一叶、一芽二叶、一芽三叶的不同选则。采收方式有人工采收和机器采收两种。采摘过程中若损伤到茶叶，会降低茶叶的品质，因此市面上常见的高级茶叶多是以人工方式采收的。
2. 萎凋	萎凋是指将鲜叶通过日光或增加空气流通的方法，使之失去部分水分，从而变软、变色，同时使空气进入茶叶细胞内部，为发酵做好准备。萎凋处理得当与否关系到成茶品质的优劣。若失水过快，会导致茶叶味道淡薄；若叶内积水，会导致茶有苦涩味。
3. 发酵	发酵是茶叶细胞经外力作用破损后，在空气中发生氧化作用，茶叶细胞内的多酚类化合物在酶的催化作用下，生成茶黄素、茶红素等氧化产物的过程。发酵的程度不同，茶叶的风味也不同，因此茶叶有不发酵茶（如绿茶）、部分发酵茶（如乌龙茶）、全发酵茶（如红茶）的区别。
4. 杀青	杀青是用高温将茶叶炒熟（炒青）或蒸熟（蒸青）的过程。高温可以破坏发酵过程中酶的活性，使发酵过程停止，从而控制茶叶的发酵程度。如果只做不发酵茶，如绿茶，则可以在萎凋后直接杀青。杀青还能够消除茶鲜叶中的青臭味，逐渐生成茶叶的香气。
5. 揉捻	揉捻是通过人工或机器使杀青之后的茶叶卷曲紧缩的过程。揉捻的压力可以使叶片内的汁液渗出，附着于茶叶表面，在冲泡时，茶叶中的内含物能很快溶解于热水中，成为香醇的茶汤。揉捻的手法有压、抓、拍、团、搓、揉、扎等，可制成片状、条形、针形、球形等。
6. 干燥	根据操作方式的不同，干燥可分为炒干、烘干、晒干三种。茶叶经过干燥后可终止其进一步发酵，使茶叶的体积进一步收缩，便于保存。传统的干燥方式主要靠锅炒、日晒，现在大多使用机器烘干。干燥后的茶叶即称为"初制茶"或"毛茶"。
7. 精制、加工、包装	精制是对初制茶的进一步筛选分类，包括筛分、剪切、拔梗、覆火、风选等程序，并将其依照品质来分级。加工包括焙火、窨花等，可以形成茶叶独特的风味和香气，焙火分为轻火、中火、重火三种，窨花常用的花朵为茉莉、桂花、珠兰、菊花等。加工后的茶叶经过恰当的包装，有利于储存、运输和销售。

中国四大茶区

中国茶区根据生态环境、茶树品种、茶类结构分为四大茶区，即华南茶区、西南茶区、江南茶区、江北茶区。

华南茶区

范围	包括福建东南部、台湾、广东中南部、广西南部、云南南部及海南
树种	主要为大叶类品种，小乔木型和灌木型中小叶类品种亦有分布
茶种	乌龙茶、工夫红茶、红碎茶、绿茶、花茶等
特点	气温为四大茶区最高，年均气温在 20℃ 以上；雨水充沛，年降水量为 1200 ～ 2000 毫米；土壤以砖红壤为主，有机质含量丰富

西南茶区

范围	包括云南中北部、广西北部、贵州、四川、重庆及西藏东南部
树种	茶树品种丰富，乔木型大叶类和小乔木型、灌木型中小叶类品种都有
茶种	工夫红茶、红碎茶、绿茶、黑茶、花茶等，是中国发展大叶种红碎茶的主要基地之一
特点	地形复杂，气候变化较大，平均气温在 15.5℃ 以上；雨水充沛，但主要集中在夏季；土壤类型多，有机质含量较其他茶区高，有利于茶树生长

江南茶区

范围	包括湖南、江西、浙江、湖北南部、安徽南部、江苏南部
树种	以灌木型为主，小乔木型也有一定的分布
茶种	生产茶类有绿茶、乌龙茶、白茶、黑茶、花茶等
特点	地势低缓，年均气温在 15.5℃ 以上，个别地区冬季可降温到 -10℃ 以下，茶树易受冻害；雨水充足；土壤以红壤、黄壤为主，有机质含量较高

江北茶区

范围	包括甘肃南部、陕西南部、河南南部、山东东南部、湖北北部、安徽北部、江苏北部
树种	主要是抗寒性较强的灌木型中小叶种
茶种	主要为绿茶
特点	大多数地区的年平均气温在 15.5℃ 以上，个别年份极端低温可降到 -20℃，造成茶树严重冻害；年降水量较少，且分布不均；土壤肥力较低

中国七大茶类

绿茶

　　绿茶，属不发酵茶，是以适宜茶树的新梢为原料，经过杀青、揉捻、干燥等传统工艺制成的茶叶。由于干茶的色泽和冲泡后的茶汤、叶底均以绿色为主调，因此称为绿茶。

　　绿茶是历史上最早的茶类，古人采集野生茶树芽叶晒干收藏，可以看作是绿茶加工的发始，距今至少有三千多年。绿茶为我国产量最大的茶类，产区分布于各产茶区，其中浙江、安徽、江西三省产量最高、质量最优，是我国绿茶生产的主要基地。中国绿茶中的名品最多，如西湖龙井、洞庭碧螺春、黄山毛峰、信阳毛尖等。

红茶

　　红茶的制作工艺相比于绿茶多了一道发酵的程序，即以适宜的茶树新芽为原料，经过杀青、揉捻、发酵、干燥等工艺制作而成，属全发酵茶。制成的红茶其鲜叶中的茶多酚减少90%以上，新生出茶黄素、茶红素以及香气物质等成分，因其干茶的色泽和冲泡出的茶汤以红色为主调，故名红茶。

　　红茶的发源地在我国的福建省武夷山茶区。尽管世界上的红茶品种众多，产地很广，但多数红茶品种都是由我国红茶发展而来。世界四大名红茶分别为祁门红茶、阿萨姆红茶、大吉岭红茶和锡兰高地红茶。

乌龙茶

　　乌龙茶，又名青茶，属半发酵茶类，基本工艺过程是萎凋、做青、杀青、揉捻、干燥，以其创始人苏龙（绰号乌龙）而得名。乌龙茶结合了绿茶和红茶的制法，其品质特点是既具有绿茶的清香和花香，又具有红茶醇厚的滋味。

　　乌龙茶的主要产地在福建的闽北、闽南及广东、台湾三地。名品有铁观音、黄金桂、武夷大红袍、武夷肉桂、冻顶乌龙、闽北水仙、奇兰、本山、毛蟹、梅占、大叶乌龙、凤凰单丛、凤凰水仙、岭头单丛、台湾乌龙等。

黑茶

作为一种利用菌发酵方式制成的茶叶，黑茶属后发酵茶，基本工艺是杀青、揉捻、渥堆和干燥四道工序。

最早的黑茶是由四川生产的，是绿毛茶经蒸压而成的边销茶，主要运输到西北边区，由于当时交通不便，必须减少茶叶的体积，蒸压成团块。在加工成团块的过程中，要经过二十多天的湿坯堆积，毛茶的色泽由绿变黑。

黄茶

人们在炒青绿茶的过程中发现，由于杀青、揉捻后干燥不足或不及时，叶色会发生变黄的现象，黄茶的制法也就由此而来。

黄茶属于发酵茶类，其杀青、揉捻、干燥等工序，与绿茶制法相似，关键差别就在于闷黄的工序。大致做法是，将杀青和揉捻后的茶叶用纸包好，或堆积后以湿布盖之，促使茶坯在水热作用下进行非酶性的自动氧化，形成黄色。

白茶

白茶属于轻微发酵茶，是我国茶类中的特殊珍品，因其成品茶多为芽头、满披白毫、如银似雪而得名。白茶为福建的特产，基本工艺是萎凋、烘焙（或阴干）、拣剔、复火等工序。

白茶的制法既不破坏酶的活性，又不促进氧化作用，因此具有外形芽毫完整、满身披毫、毫香清鲜、汤色黄绿清澈、滋味清淡回甘的品质特点。白茶因茶树品种、鲜叶采摘的标准不同，可分为叶茶和芽茶。

花茶

花茶，又称窨花茶、香花茶、香片，是中国特有的香型茶。花茶始于南宋，已有千余年的历史，最早出现在福州。它是利用茶叶善于吸收异味的特点，将有香味的鲜花和新茶一起闷，待茶将香味吸收后再把干花筛除。

饮茶方式的演变

中国人饮茶已有数千年的历史。"神农尝百草，一日遇七十二毒，得茶而解之"，可见当时茶主要是作为药用，而真正的"茗饮"应是秦统一巴蜀之后的事。

【汉魏六朝】用冷水煮茶

饮茶历史起源于西汉时的巴蜀之地。从西汉到三国时期，在巴蜀之外，茶是仅供上层社会享用的珍稀之品。关于汉魏六朝时期饮茶的方式，古籍仅有零星记录，《桐君录》中说："巴东别有真香茗，煎饮令人不眠。"这一时期的饮茶方式是煮茶法，以茶入锅中熬煮，然后盛到碗内饮用。当时还没有专门的煮茶、饮茶器具，大多是在鼎或釜中煮茶，用吃饭用的碗来饮茶。

【魏晋时期】采摘茶叶制茶饼

魏晋南北朝时期，饮茶之风已逐步形成。这一时期，南方已普遍种植茶树。《华阳国志·巴志》中说："其地产茶，用来纳贡。"《蜀志》记载："什邡县，山出好茶。"魏晋时期，三峡一带的茶饼制作与煎煮方式仍保留着以茶为粥或以茶为药的特征。操作过程是先采摘茶树的老叶，将其制成茶饼，再把茶饼在火上微烤至变色，并将茶饼捣成细末，最后浇以少量米汤固化制型。

【唐代】始创煎茶法

到了唐代，饮茶风气渐渐普及全国。自陆羽的《茶经》出现后，茶道更是兴盛。当时饮茶之风扩散到民间，人们都把茶当作家常饮料，甚至出现了茶水铺，"不问道俗，投钱取饮"。唐朝的茶，以团饼为主，也有少量粗茶、散茶和米茶。饮茶方式，除沿续汉魏南北朝的煮茶法外，又有痷茶法和煎茶法。将茶投入瓶缶中，灌以沸水浸泡，称为"痷茶"。"痷"义同"淹"，即用沸水淹泡

茶。煎茶法是陆羽所创，主要程序有：备器、炙茶、碾罗、择水、取水、候汤、煎茶、酌茶、啜饮。与"散叶茶末皆可，冷热水不忌"的煮茶法不同，煎茶法通常用茶末，采用沸水，一沸投茶，环搅，三沸而止。

【宋代】盛行"点茶"

饮茶的习俗在唐代得以普及，在宋代达到鼎盛。此时，不但王公贵族经常举行茶宴，皇帝也常以贡茶宴请群臣。在民间，茶也成为百姓生活中的日常必需品之一。宋朝前期，茶以片茶（团、饼）为主；到了后期，散茶取代片茶占据主导地位。在饮茶方式上，除了继承隋唐时期的煎、煮茶法外，又兴起了点茶法。为了评比茶质的优劣和点茶技艺的高低，宋代盛行"斗茶"，而点茶法也就是在斗茶时所用的技法。先将饼茶碾碎，置茶盏中待用，以釜烧水，微沸初漾时，先在茶叶碗里注入少量沸水调成糊状，然后再注入适量沸水，边注边用茶筅搅动，使茶末上浮，产生泡沫。

【元明】多用散茶泡茶

元朝泡茶多用末茶，并且还杂以米面、麦面、酥油等佐料；明代的细茗，则不加佐料，直接投茶入瓯，用沸水冲点，杭州一带称之为"撮泡"，这种泡茶方式是后世泡茶的先驱。明太祖朱元璋正式废除团饼茶，提倡饮用散茶。宁王朱权（朱元璋的十七子）对茶道颇有研究，著有《茶谱》一书。从他之后，茶的饮法逐渐变成现今直接用沸水冲泡的简易形式。

明代"文士茶"也颇具特色，尤以吴中四杰为最。四杰文徵明、唐寅、祝允明和徐祯卿都是怀才不遇的大文人，多才多艺又嗜茶，开创了"文士茶"的新局面。他们更加强调品茶时对自然环境的选择和审美氛围的营造，使品茶成为一种契合自然、回归自然的高雅活动。

【清朝】"工夫茶艺"兴盛

清期在茶叶品饮方面的最大成就是"工夫茶艺"的完善。工夫茶，是为适应茶叶撮泡的需要，经过文人雅士的加工提炼而成的品茶技艺。大约明代形成于浙江一带的都市里，扩展到闽、粤等地，到了清期，逐渐转移到以闽南、潮汕一带为中心，至今以"潮汕工夫茶"最负盛名。

工夫茶讲究茶具的艺术美、冲泡过程的程式美、品茶时的意境美，此外还追求环境美、音乐美。清朝茶人已将茶艺推进到尽善尽美的境地，形成了工夫茶的鼎盛时期。

领略茶艺之美

Part 2

泡茶、品茶的相关知识 ∨∨

博大精深的中国茶文化，论其精髓，无不体现在经典的茶艺及茶道上。从选、沏、赏到闻、品、饮皆有讲究，从茶具的选择到水温的把握，皆是学问，而营造舒适优雅的泡茶、品茶环境，更需要一些心思和技巧。品茶时，既要品茶味，还要嗅茶香，更需细细感受茶的韵味。『茗者八方皆好客』，小小品茗杯里，承载着主人对客人满满的情谊。细斟慢酌，感受茶韵的浓浓，情谊悠长。

认识茶具

茶具	功效	茶具	功效
茶盘 	用以盛装茶壶、茶杯或其他茶具的盘子，配有夹层或出水管，可接废水	**茶壶** 	用来泡茶的主要器具，常用的有白瓷茶壶和紫砂茶壶，其中紫砂茶壶的透气性较好，并能很好地吸附茶叶中的杂味、异味
公道杯 	用来盛茶汤并进行分茶（倒入品茗杯）的容器，能使茶汤均匀一致；分茶时，每个品茗杯应保证七分满	**盖碗** 	用盖碗泡茶时，揭开盖碗，可先嗅盖香，再闻茶香，可以很好地品出茶的原味
茶船 	盛放茶壶、茶杯的器具，当水从壶中溢出，或为了保温而用热水淋壶时，可将水接住	**过滤网和滤网架** 	使用时，将过滤网放置于公道杯上，可以滤掉茶汤中的碎渣；不用时，将过滤网放置在滤网架上
玻璃杯 	冲泡绿茶等娇嫩的茶时所用的容器，可保持茶味的鲜爽，并能欣赏茶叶在水中的翻滚、沉降、舒展	**水盂** 	用来盛接凉了的茶汤和废水的器皿，相当于"废水缸"

茶具	功效	茶具	功效
煮水器 	煮水用的壶，常见的是不锈钢壶，也有用陶土、玻璃等材质制成的	品茗杯 	品茶用的杯子，材质有白瓷、紫砂、玻璃等；男士拿品茗杯时手要收拢，女士则可轻翘兰花指
闻香杯	杯形细长，常和品茗杯搭配使用，双手掌心夹住闻香杯，靠近鼻孔，边搓动边闻香	茶荷 	盛放待泡的干茶，用以观赏干茶外形，形状多为有引口的半球形
杯托 	给客人奉茶时，不能直接用手拿品茗杯，可用双手握住杯托端给客人，显得卫生	茶刀、茶锥 	用来撬开紧压茶，如砖茶、饼茶、沱茶等，一边施力一边撬动。使用时不要将刀口、锥尖对着自己
茶则 	用来量取茶叶，即从茶叶罐中取出茶叶放入茶荷中	茶巾 	用来擦拭茶桌上以及公道杯底部的水分，以免用公道杯斟茶时有水从杯底滴下来；不可用茶巾擦拭茶具内部
茶夹 	可将茶渣从壶中挟出，也常有人用来挟着茶洗杯，既防烫又卫生	茶匙 	将茶叶从茶荷中拨入茶壶中的工具

茶具常识知多少

"器为茶之父"，选对茶具，可以提高茶叶的色、香、味，有利于茶性的发挥。同时，一件精美的茶具，本身就具有一定的欣赏价值和艺术价值。

陶土茶具

陶器中享有海内外名声的是宜兴紫砂茶具，采用宜兴地区独有的紫泥、红泥、团山泥抟制焙烧而成，表里均不施釉。宜兴紫砂茶壶出现于北宋初期，明、清时大为盛行。用紫砂茶具泡茶有诸多好处，首先它有气孔，可汲附茶汁，蕴蓄茶味，且传热不快，不致烫手。其次，用紫砂壶泡茶，既不夺其真香，又无熟汤气，能保持茶的色、香、味，若热天盛茶，不易酸馊，即使冷热剧变，也不会破裂，甚至还可直接放在炉火上煨炖。同时，紫砂茶具色泽典雅古朴，造型复杂多变，有似竹节、莲藕、松段和仿商周古铜器形状的，具有极高的艺术性。

瓷器茶具

瓷器具有较好的热稳定性和化学稳定性，因此，瓷器茶具有保温适中、传热速度慢等特点，茶汤不会与瓷器发生化学变化，因而可以保持茶叶固有的色、香、味。瓷器茶具按釉色分为白瓷茶具、青瓷茶具、黑瓷茶具。

白瓷茶具　白瓷茶具产地较多，有江西景德镇、湖南醴陵、福建德化、四川大邑、河北唐山等，其中以江西景德镇的白瓷茶具最为著名，也最为普及。北宋时，景德窑生产的瓷器，质薄光润，白里泛青，雅致悦目，并有影青刻花、印花和褐点点彩装饰。元代的青花瓷茶具更是远销海外。今天的景德镇白瓷青花茶具，在继承传统工艺的基础上，又开发创制出众多新品种。

青瓷茶具　青瓷茶具主要产于浙江、四川等地。晋代，浙江的越窑、婺窑、瓯窑已具相当规模。宋代，浙江龙泉生产的青瓷茶具，已达到鼎盛时期，远销各地。龙泉青瓷造型古朴挺健、釉色翠青如玉，制陶艺人兄弟章生一、章生二的"哥窑"、"弟窑"产品具有极高的造诣，其中"哥窑"被列为"五大名窑"之一。

黑瓷茶具 黑瓷茶具产于浙江、四川、福建等地，其兴起得益于宋代"斗茶"之风盛行。由于黑瓷茶盏瓷质厚重，保温性好，非常适合用来斗茶，其中以建窑生产的"建盏"最为人称道，它在烧制过程中釉面会出现兔毫条纹、鹧鸪斑点、日曜斑点，茶汤入盏后，能放射出五彩纷呈的点点光辉。

玻璃茶具

玻璃茶具素以质地透明、光泽夺目、外形可塑性大、形态各异、价廉物美等特点受到人们的青睐，如今用钢化玻璃加工而成的茶具，弥补了传统玻璃易碎、易受热炸裂等不足。玻璃茶杯或茶壶尤其适合冲泡各类名优茶，便于观察茶汤色泽，以及叶芽上下浮动、舒展之态，饱览泡茶的动态之美。但玻璃茶具传热快、不透气、保温性能差，因此易烫手，茶香容易散失，不适合作为一般的品茗器具。

漆器茶具

漆器茶具始于清代，主要有北京雕漆茶具、福州脱胎茶具，以及江西鄱阳、宜春等地生产的脱胎漆器等，均具有独特的艺术魅力。福州生产的漆器茶具多姿多彩，有"宝砂闪光"、"金丝玛瑙"、"釉变金丝"、"仿古瓷"、"雕填"、"高雕"和"嵌白银"等品种，特别是开创了红如宝石的"赤金砂"和"暗花"等新工艺以后，更加鲜丽夺目，逗人喜爱。漆器茶具有轻巧美观、色泽光亮、耐温、耐酸等特点，并有很高的艺术欣赏价值。

金属茶具

金属茶具古已有之，一般用金、银、铜、锡等金属制作而成。如明朝张谦德所著《茶经》，就把瓷茶壶列为上等，金、银壶列为次等，铜、锡壶则属下等。但是用锡做的储茶器，则具有很多优点。锡罐绝无异味，多制成小口长颈，其盖为圆桶状，密封性较好，其保鲜功能优于各类材质的储茶器，是储存高档茶的最佳选择。

竹木茶具

隋唐以前的饮茶器具，除陶瓷器外，民间多用竹木制作而成。陆羽在《茶经·四之器》中开列的 28 种茶具，多数是用竹木制作的。竹木茶具价廉物美，经济实惠，但现代已很少使用，其缺点是不能长时间使用，无法长久保存，但在海南等地还有用椰壳制作的壶、碗来泡茶的。

● 茶具的挑选技巧

茶具的优劣，对茶汤的质量和品饮者的心情，都会产生直接影响。究竟如何选择茶具，要根据各地的饮茶习惯、饮茶者审美情趣，以及品饮的茶类和环境而定。

根据地域特点选择茶具

东北、华北一带多用较大的瓷壶泡茶，斟入瓷碗饮用；江苏、浙江一带多用紫砂壶泡茶，或用有盖瓷杯直接泡饮；四川一带喜用瓷制的"盖碗杯"饮茶；广东潮汕使用成套的功夫茶具。

根据个人喜好选择茶具

用紫砂茶具泡茶，可提升茶的品质，味道醇和，汤色澄清，无陈杂味，天热也不易变质。但由于每次冲泡以后，紫砂壶里的气孔会留着茶的气味，因此最好一茶一壶，不宜混用。用瓷器茶具泡茶可体现茶的"本真"，便于品赏茶的原香、原味，每次冲泡后不留余味，只需清洗干净即可冲泡其他茶类。

茶具与茶叶的搭配

茶叶种类	适合的茶具
绿茶	透明玻璃杯，或白瓷、青瓷、青花瓷无盖杯
红茶	以白瓷茶具为佳
乌龙茶	紫砂壶，或白瓷盖碗
黄茶	透明玻璃杯，或白瓷盖碗
白茶	透明玻璃茶具，或白瓷盖碗、紫砂壶
黑茶	紫砂壶、瓷器茶具，或飘逸杯
花茶	透明玻璃茶壶、茶杯，或白瓷盖碗

茶壶的选购技巧

1. 质地

将壶置于手掌上，轻拨壶盖，听其声音。若铿锵清脆，表示壶质地好；若音响迟钝，劲道不足，或音高尖锐，说明质地欠佳。

2. 精密度

检查壶盖与壶身的紧密程度，密合度越高越好。用精密度高的壶泡茶才能将茶香凝聚，保持茶原有的香味。

3. 出水

倾壶倒水，能使壶内滴水不存，断水时，不会有残水沿着壶嘴外壁往下滑，用这样的茶壶泡茶时，茶水才不会到处滴落。

4. 重心

重心决定了茶壶是否好提。注满水时，握住并提起壶把，若觉得重心适中，壶把的粗细和形状不碍手，握之不费力，便是一把好壶。若需用力紧握，则重心不佳。

5. 壶味

嗅一嗅新壶中的气味，可略带瓦味，但若带有火烧味、油味、染色剂的味道等，则不宜选购。

● 茶具的摆放

主泡区	放置主要的泡茶用具，如茶盘、茶壶、茶杯、公道杯、过滤网和滤网架、水盂等
辅泡区	放置辅助泡茶的用具，如茶巾、茶荷、茶匙等
备水区	放置提供泡茶用水的器具，如煮水器、热水瓶等
储茶区	放置存放茶叶的罐子

　　泡茶时，主泡区在自己的正前方，辅泡区在右手边，备水区在左手边，储茶区一般在茶桌的内柜或茶桌旁的侧柜内。

摆放原则 1：方便

　　将备水器设置在左手边，是希望以右手拿茶壶，以左手拿水壶，双手分工合作。若嫌左手力量不够，也可将水壶等也放在右手边，为了使左右手平衡，可将某些辅泡区的用具改放在左手边。如果是惯用左手的人，可将物品的方向全部对调过来。

摆放原则 2：整洁

　　如果不喜欢操作台过于凌乱，可选择有内柜的茶桌，将茶罐、备用茶具等物品收纳于内柜中，或者在茶桌旁边准备一个侧柜，将暂时不用的茶具放置于侧柜中，让桌面显得更清爽。还可准备一件如"茶巾盘"的盘状物将辅泡区的用具收纳起来。

摆放原则 3：美感

　　摆放茶具要有美感，无论是主泡区本身，还是主泡区与辅泡区、备水区、储茶区的相关位置，都要视为一幅画、一件雕塑作品或是一出戏在舞台上演出的情形加以布置与规划，务必使之看起来和谐又美观。

水是泡茶的关键

"水为茶之母"，茶叶的色、香、味都要通过水的溶解才能得以体现，水的优劣直接影响茶汤的质量。唐代陆羽在《茶经》中指出："其水，用山水上，江水中，井水下。"新鲜、洁净的山泉水是泡茶的最佳选择。古人对泡茶用水的要求，可以用"清、轻、甘、冽、活"五个字概括。

清 **水质要清洁。**清水应无色透明，无杂质，无沉淀物，用这样的水泡茶才能显出茶的本色。明代的田艺蘅论水的"清"，说"朗也，静也"，将"清明不淆"的水称作"灵水"。

轻 **水体要轻。**轻水也就是软水，其矿物质含量适中。硬水中溶解的矿物质过多（尤其是铁、铝、钙含量过多），会导致茶汤偏暗、香气不显、口感或寡淡或苦涩。

甘 **水味要甘。**明代屠隆认为"凡水泉不甘，能损茶味"。所谓水甘，即一入口，舌尖顷刻便会有甜滋滋的感觉，咽下去后喉中也有甜爽的回味。用这样的水泡茶自然会增添茶之美味。

冽 **水含在嘴里要有清凉的感觉。**寒冽之水多出于地层深处的泉脉之中，所受污染少，泡出的茶汤滋味纯正。古人还认为水"不寒则烦躁，而味必啬"，"啬"就是涩的意思。

活 **水中空气含量要高。**这样的水有利于茶香挥发，而且口感上活性强。泡茶的水不可煮老，因为煮久了空气含量会降低。唐代茶圣陆羽认为，"二沸"水，即"边缘如涌泉连珠"的水泡茶最佳，"三沸"即"腾波鼓浪"之后仍继续煮的水则不宜用来泡茶。

● 不同茶种的冲泡水温

泡茶水温	适宜冲泡的茶类
高温（90～100℃）	◇乌龙茶，如铁观音、冻顶乌龙、水仙、佛手等 ◇重揉捻、条索接近球状的茶 ◇重焙火，色泽较黑、较暗的茶 ◇陈年茶、老茶
中温（80～90℃）	◇轻发酵、焙火不重的茶，如文山包种茶 ◇芽茶类，如白毫乌龙、高级红茶等 ◇熏花茶、花茶，如茉莉香片、玫瑰花茶等 ◇碎叶茶，如红碎茶等
低温（70～80℃）	◇绿茶类，如龙井、碧螺春等

投茶量与浸泡时间

再好的茶，一旦泡得太浓，苦涩味尽显，就会变得难以下咽；而泡得太淡，则完全无法品鉴茶的色、香、味。茶汤的浓淡，一般由茶叶的投放量和浸泡的时间决定。

● 茶汤的适当浓度

所谓"适当浓度"就是将该种茶的特性表现得最好的浓度。适当的浓度是否有一定的标准？100人之中，八九成人认为适当的浓度即为标准的浓度，国际鉴定茶的标准杯泡法就是以此原则设计而成。

一般而言，标准投茶量为1克茶叶搭配50毫升水（即茶为水的2%），以此比例冲泡5分钟，茶汤的浓度较为适中。在实际操作中，若少于三人饮用，可取3克的茶，冲泡150毫升的开水，浸泡5～6分钟即可得到适当浓度的茶汤。若饮茶人数较多，可依人数取5～9克茶，按比例冲入开水。

茶汤有一定的标准浓度，但个人对茶汤浓度的喜爱有某些程度的差异，建议爱茶人尽量往标准浓度修正，因为只喝太浓的茶汤或太淡的茶汤，可能会错失其中一些细微的味道。

● 一壶茶放多少茶叶

小壶茶的投茶量依茶叶外形松紧而定。非常蓬松的茶，如普洱生茶、瓜片、粗大型的碧螺春等，放七八分满；较紧结的茶，如揉成球状的乌龙茶、条形肥大且带绒毛的白毫银针、纤细的绿茶等，放1/4壶；非常密实的茶，如剑片状的龙井、针状的工夫红茶、玉露、眉茶，球状的珠茶、碎角状的细碎茶叶、切碎熏花的香片等，放1/5壶，以免味道过浓。

● 如何计算浸泡时间与冲泡次数

浸泡的时间随投茶量而定，茶叶放得多，浸泡的时间要短；茶叶放得少，时间就要拉长。可以冲泡的次数也跟着变化，浸泡的时间短，可以多泡几次；浸泡的时间长，可以将冲泡的次数相应减少。

分次出汤时，第一泡大约浸泡一分钟可以得到适当浓度，第二泡以后要看茶舒展状况与品质特性增减时间，具体出汤时间依具体的茶类而有所不同。

打造家中的泡茶区

以茶待客是我国最早的民间生活礼仪，表现出了主人对客人的热情与尊敬，这是中华礼仪的一项重要课程。如今，很多人依然喜欢在家"以茶会友"。

客厅

家庭饮茶环境的总体要求是安静、清新、舒适、干净，可以在客厅的一角辟出一个小空间，采用格子门或屏风的设计，既通风、透光，又美观。使用可以搬移的小桌，喝茶聊天，以茶会友，有客人来时，还可以变成临时客房。

阳台

在阳台上设置泡茶区很好实现，只需一定的空间，足够摆放桌椅或榻榻米即可。可以在阳台装上鱼缸，种上花花草草，将阳台装点得更有情调，适宜饮茶。如果阳台很晒，可选择隔热、半遮光的窗帘，或栽种大量植物打造阴凉舒适的饮茶环境。

书房

书房是读书、学习的场所，本身就具有安静、清新的特点，自古茶和书籍有着密不可分的关系，在书房中更能体现饮茶的意境。由于氛围契合，在书房中打造泡茶区，可轻装修重装饰，简单明了，有一个茶桌即可，无需添置其他的家具。

卧室飘窗

在卧室飘窗饮茶，更加私密、休闲，而且能同时欣赏窗外的风景，适合日常放松、小憩。飘窗台面最好用木地板做装饰面，再在上面覆盖软垫，窗帘宜采用折叠帘。此外，在飘窗的顶面或台面，需要配有照明设备，以满足泡茶、饮茶的光线要求。

庭院

如果家中有庭院，不妨将其打造成一个天然的饮茶区，在庭院中种植一些花草，摆上茶几、椅子，和大自然融为一体，饮茶意境立刻就显现出来了。在庭院中打造饮茶区，同样需要注意遮光、隔热的问题。同时，饮用中式茶空间不宜过分拥挤，因此也不要把庭院布置得太满。

营造舒适的饮茶环境

饮茶需要优雅的环境。一壶清茶，几盏青瓷杯，再邀三两知己，放慢脚步，超然物外，品茶又品心。如能在品茶空间融入相得益彰的意趣，品茗、闻香、插花、抚琴、习字，则更添雅韵。

香道

香道与茶道、花道并称为"三雅道"。香道可以调息、通鼻、开窍、静心，它是通过眼观、手触、鼻嗅等品香形式对名贵香料进行全身心的鉴赏和感悟，常用的有檀香、沉香等。

花道

花道是指适当截取树木花草的枝、叶、花朵，艺术地插入花瓶等花器中的方法和技术，它是由佛前供花演化而来的，其基本精神是"天、地、人"的和谐统一。

琴道

优雅清心的音乐，有助于营造出更好的饮茶环境。古琴以其高雅的韵味，成为闻香品茗的"绝配"，二者不仅在文化渊源上一脉相承，都具有"技、艺、道"三种境界，其"和、静、清、淡、远"的审美意趣，有益于修身养性。

书道

书法艺术讲究在简单的线条中求得丰富的思想内涵，就像茶在清淡的滋味中品味人生一样，有异曲同工之妙，很多书法作品的内容本身就与茶有关。在饮茶区挂上一两副书法作品，不仅能增添浓郁的文化气息，还能体现出主人的审美和心境。

融入大自然

除了在室内，还可以去室外喝茶。找个风景清幽的地方，摆上一座茶席，配上一套可以随身携带的茶具，带上一个炭炉来烧水，静静品饮这自然间的滋味，感受自然的气息，让浮躁的心安定下来。

茶叶的选购和鉴别

想选购一款适合自己的好茶，需要掌握一定的茶叶知识，如各类茶叶的等级标准、价格与行情，以及茶叶的审评、检验方法等，避免买到假茶、陈茶、劣变茶。

● 如何选购茶叶

关键词 1：干燥度

选购茶叶的第一要素是干燥程度，品质优良的茶叶含水量必须低于 5%。用掌心轻握茶叶微感刺手，或者以拇指和食指轻捏会碎的茶叶，干燥程度良好；反之则表示已经受潮，品质较差。

关键词 2：整齐度

茶叶叶片大小、色泽整齐均匀的较好，茶梗、黄片、茶角、茶末和杂质含量比例高的茶叶，一般会影响茶汤品质，多是次级品。

关键词 3：形状

茶叶条索紧、身骨重、圆（扁形茶除外）而挺直，说明原料嫩、做工好、品质优；如果外形松、扁（扁形茶除外）、碎，并有烟味、焦味，说明原料老、做工差、品质劣。一般而言，长条形茶看松紧、弯直、壮瘦、圆扁、轻重；圆形茶看颗粒的松紧、匀正、轻重、空实；扁形茶看平整光滑程度等。

关键词 4：发酵程度

红茶是全发酵茶，叶底应呈鲜艳红色为佳；乌龙茶属半发酵茶，以各叶边缘有红边、叶片中部淡绿者为上；清香型乌龙茶及包种茶为轻度发酵茶，叶片边缘锯齿稍深位置呈红色、其他部分呈淡绿色为正常。

关键词 5：色泽

茶叶带有油光、颜色鲜艳，说明摆放时间较短，香气、滋味较佳，一般是新茶。色泽一致、光泽明亮，油润鲜活则表明是好茶。此外，各种茶叶成品都有其标准的色泽。一般来说，以带有油光宝色或有白毫的乌龙及部分绿茶为佳，包种茶以呈现有灰白点之青蛙皮颜色为贵。

关键词 6：香气

茶叶冲泡之前，可用茶荷盛装少许干茶，闻一闻茶香，注意是否有油臭味、焦火味、青臭味或其他异味。不同的茶类应具有其独特的香味，绿茶清香，包种茶带花香，乌龙茶带熟果香，红茶携焦糖香，花茶则应有熏花之花香和茶香混合之强烈香气。

关键词 7：汤色

好茶的茶汤无论颜色深浅，都必须清澈、明亮，若茶汤浑浊不清或者颜色发暗，则说明茶叶品质较差。茶汤的颜色会随发酵程度及焙火轻重而有不同，一般绿茶为蜜绿色，红茶为鲜红色，白毫乌龙呈琥珀色，冻顶乌龙呈金黄色，包种茶则呈蜜黄色。

关键词 8：汤味

茶汤滋味以醇和为佳，即少苦涩、带有甘滑的醇厚味，若喝完后能让口腔留有充足、持久的香味，喉头有甘润的感觉，则为好茶。茶汤苦涩味重、有陈旧味或火味重者，则非佳品。

关键词 9：叶底

冲泡过的茶叶称为叶底，观察叶底也是鉴别茶品质量的关键之一。冲泡后很快展开的茶叶，多是粗老之茶，条索不紧结，茶汤多平淡无味，且不耐泡。冲泡后叶面不展开或经多次冲泡仍只有小程度展开的茶叶，不是焙火失败就是已放置一段时间的陈茶。好茶的叶底会随着每一次冲泡逐渐展开，茶汤浓郁，耐冲泡。叶底展开后，以叶形完整者为佳，碎叶多的为次级品。此外，以手指捏叶底，一般以弹性强者为佳，表示茶菁幼嫩，制造得宜；而触感生硬者为老茶菁或陈茶。

小贴士：什么样的茶叶适合你？	
身体虚弱的人	红茶（可添加糖和奶）、陈香茶（如陈年普洱熟茶）
青少年	绿茶
经期前后、更年期女性	花茶（如玫瑰花茶、茉莉花茶）
肥胖者及瘦身爱好者	乌龙茶、沱茶、普洱茶、砖茶等紧压茶
喜爱肉食者	砖茶、饼茶等经过后发酵的紧压茶
经常接触有毒物质的人	绿茶
脑力劳动者	各种名优绿茶
孕妇、儿童	依身体情况适量饮用较淡的茶

● 分辨真茶与假茶

假茶是相对真茶而言的，是指用类似茶叶外形的其他植物的芽叶做成如茶叶的样子，冒充茶叶销售的商品。目前发现的有用嫩柳叶、桑树芽叶、冬青芽叶、女贞树芽叶、金银花芽叶、蒿叶、榆叶等制成的假茶。此外，也有在真茶中掺入部分假茶的，这种半真半假的茶较难识别。

外形鉴别

真茶有明显的"网状脉"，由主脉分出侧脉，侧脉与主脉呈45°向叶缘延伸，到达叶缘 2/3 处呈弧形向上弯曲，并与上一条侧脉闭合连接，形成波浪形，叶内隆起。侧脉整体呈鱼背状而非放射状。真茶叶边缘有明显的锯齿，叶茎稀少，接近于叶缘处逐渐平滑而无锯齿。

假茶的叶脉不明显或过于明显，一般为"羽状脉"，叶脉呈放射状直至叶片边缘，叶内平滑。叶测边缘有的有锯齿，有的无锯齿。

抓一把茶叶放在白色的瓷盘上，摊开茶叶，细心观察，若绿茶深绿、红茶乌黑、乌龙茶乌绿，为真茶本色。若颜色杂乱而不协调，或与茶叶本色不相一致，即有假茶之嫌。

香味鉴别

真茶含有茶索和芳香油，闻时有清鲜的茶香，刚沏好的茶汤饮之爽口，茶叶显露。鉴别时，先用双手捧起一把干茶，闻茶叶的气味。凡具有茶叶固有的清香者，为真茶；凡带有青草味、腥味或其他异味者，以及香气刺鼻者，为假茶。如果取少量茶叶用火灼烤，真茶与假茶的气味更易识别。

冲泡鉴别

如果闻香观色还难以判断真假，那么，可取少量茶叶放入杯中，加入沸水冲泡，进行开汤审评，进一步从茶叶的色、香、形、味，特别是从展开的叶片上来进行识别。虽然茶树叶片的大小、色泽、厚度各不相同，并因品种、季节、树龄、产地条件和茶业技术措施不同而有差异，叶片的形状、叶缘、叶尖也因茶树品种而有不同，但某些形态特征却是各种茶叶所共有，而其他植物所不具备的,这是区别真茶与假茶的主要依据所在。

● 分辨陈茶与新茶

看色泽

新茶的干茶色泽青翠碧绿，有些还会带有油润的光泽感，汤色黄绿明亮；陈茶则因叶绿素分解、氧化，色泽变得枯灰无光，汤色黄褐不清。

闻茶香

构成茶香的醇类、酯类、醛类等物质会不断挥发和缓慢氧化，时间越久，茶香越淡，会使新茶的清香馥郁变成陈茶的低闷浑浊。

品茶味

茶叶中的酚类化合物、氨基酸、维生素等构成滋味的物质会逐步分解、挥发、缩合，使滋味醇厚鲜爽的新茶，变成淡而沉钝的陈茶。

Tips 千万勿饮带霉味的茶！

●无论何种茶叶，有陈霉味的千万不要购买和饮用，因为这样的茶叶常滋生很多有害霉菌，饮用后可能引起腹痛、腹泻、头晕等不适，严重者还会影响肝、肾等脏器，引发某些重大疾病。

● 识别春茶、夏茶与秋茶

春茶

历代文献都有"春茶为贵"的说法，由于春季温度适中，雨量充沛，加上茶树经秋冬季的休养，使得春茶芽叶硕壮饱满、色泽润绿、条索结实、身骨重实，所泡的茶浓醇爽口、香气高长、叶质柔软、无杂质。

夏茶

夏季炎热，茶树新梢芽叶迅速生长，使得能溶解于水的浸出物含量相对减少，因此夏茶的茶汤滋味没有春茶鲜爽，香气不如春茶浓烈，反而增加了带苦涩味的花青素、咖啡喊、茶多酚的含量。从外观上看，夏茶叶肉薄且多紫芽，还夹杂着少许青绿色的叶子。

秋茶

秋天温度适中，且茶树经过春夏两季生长、采摘，新梢内物质相对减少。从外观上看，秋茶多丝筋，身骨轻飘。所泡成的茶汤淡、味平和、微甜，叶质柔软，单片较多，叶张大小不一，茎嫩，含有少许铜色叶片。

茶叶的保存方法

　　茶叶如果存放不当，受空气中的水分、氧气以及温度、光线的影响，很容易陈化、劣变，在诸多因素中空气湿度是导致陈化变质的主要原因，因此茶叶的防潮至关重要。

● 家庭存放茶叶的方法

陶瓷坛保存法

　　先用牛皮纸将茶叶分小包分别包好，分置在坛的四周，在坛中间摆放一个石灰袋（石灰袋大小视茶叶数量而定），再在上面放茶叶包，等茶叶装满后，用软草纸或棉花盖紧坛口。每隔2～3个月检查一次，当块状石灰变成粉末时，应及时更换。此法特别适合一些名贵茶叶，尤其是龙井、大方这些上等茶。

塑料袋保存法

　　塑料袋的选择要满足以下几个条件：安全的食品包装袋；无孔洞、无异味；密度、强度高，厚实。存放方法如下：先用一张柔软、无异味的白纸将茶叶包好，再包上一层牛皮纸，接着装入塑料食品袋中，用手轻轻压出空气，用细绳将袋口扎紧，用同样的方法再套一层塑料食品袋，放置于阴凉干燥处保存。

铁罐、锡罐保存法

　　此法贮存的要点是保持罐内干燥、无异味，宜选择有双层铁盖的，注意检查盖子的密封性。新买的铁罐如有异味，可先放入少量茶末，然后盖好盖，上下左右摇晃片刻后倒弃，即可去除异味。如果铁罐没有问题，可以将干燥的茶叶装入，同时放入1～2小包干燥的硅胶，并将铁罐密封严实。锡罐的防潮、防氧化、阻光、防异味效果更好，但价格较贵，可根据个人情况选择。由于此法不宜长期保存茶叶，最好选择容量较小的罐子。

玻璃瓶保存法

　　玻璃瓶要选择深色、清洁、干燥的。茶叶装至七八成满即可，然后用干净无味的纸团塞紧瓶口，再将瓶口拧紧。如果能用蜡或者玻璃膏封住瓶口，储存效果会更好。

热水瓶保存法

选择一般家庭废弃但瓶胆无破损的热水瓶就可以，无论保暖性能是否良好都能使用。首先将瓶内充分晾干，再将干燥的茶叶装入瓶内，直至装满，不要留空间，最后将瓶口用软木塞盖紧，然后在塞子的边缘涂上白蜡封口，再用胶布裹上。

低温保存法

先将茶叶分装成小包或小罐，然后放入冷藏室或冷冻室。冷藏温度在 0 ~ 5℃最多可保存 6 个月，冷冻温度在 -18 ~ -10℃可保存半年以上。如果茶量较多，最好以专用的冰箱贮藏，以免吸附其他食物的异味。取出茶叶时，先不要拆包或开罐，待茶叶温度回升到与室温接近时再取出，否则茶叶易受潮。

● 存放茶叶的禁忌

忌受潮

茶叶中的水分是茶叶内各种成分生化反应必需的媒介，茶叶的含水量增加，茶叶的变化速度也会加快，色泽会随之逐渐变黄，茶叶滋味和鲜爽度也会跟着减弱。

忌高温

温度越高，茶叶陈化越快。即温度愈高，茶叶色泽越容易变成褐色。即使是深泽的茶叶，如红茶，也不能高温贮存，否则其中的茶黄素和茶红素会进一步氧化，使新茶陈化，品质下降。

忌接触异味

茶叶中的某些高分子化合物性质活泼，对味道的吸附性很强。如果茶叶与香皂、樟脑、卷烟、香水等接触后，会将它们的气味吸附于茶叶表面，使茶叶产生异味。

忌强光照射

茶叶在光线的照射下，化学反应会加速进行，如叶绿素等有色物质发生氧化，从而使茶叶的绿色减退而变成棕黄色。阳光直射茶叶还会使茶叶中的有些芳香物质氧化，使茶叶产生"日晒味"。

忌长时间暴露

茶叶若长时间暴露在外面，空气中的氧气会促进茶叶中的化学成分如茶多酚、脂类、维生素 C 等物质氧化，使茶叶加速变质，出现陈味。

四种基本的泡茶法

玻璃杯泡茶法

　　玻璃杯晶莹透明，用于泡茶可以充分观赏茶的形态，而且玻璃不会吸收茶叶的味道，可使茶汤的味道更香浓。高档名优绿茶，因外形秀丽、色泽翠绿，一般用玻璃杯冲泡。

【适合茶类】 绿茶、黄芽茶、白茶、玫瑰花茶等

【准备茶具】 玻璃杯、茶盘、茶荷、茶匙、茶巾、煮水器

冲泡方法

1 待水煮沸后，将热水倒入玻璃杯中，至 1/3 处。

2 左手托杯底，右手握杯口，倾斜杯身，使水沿杯口转动一周，再将温杯的水倒掉。

3 用茶匙把茶荷中的茶叶拨入玻璃杯中，投茶量约为 3 克。

4 待水温降至 80℃时倒入杯中，至杯子容量的 1/4，轻轻旋转杯身，促使茶芽舒展。

5 利用手腕的力量，"三升三降"冲水，使水柱充分击打茶叶，加水至七分满。

6 将泡好的茶用双手端给宾客，伸出右手示意，说"请用茶"。

盖碗泡茶法

连盖带托的盖碗，具有较好的保持香气的作用，可用来冲泡香气较足的茶种。也可用来冲泡绿茶，但不加盖，以免闷黄芽叶。此外，盖碗也可用于黄茶、白茶及红茶的冲泡。

【适合茶类】茉莉花茶、工夫红茶、普洱生茶、铁观音等

【准备茶具】盖碗、公道杯、过滤网、品茗杯、茶盘、茶荷、茶匙、茶巾、煮水器

冲泡方法

1 把沸水倒入盖碗，再将盖碗中的水倒入公道杯及各品茗杯，以此来温热各个茶具。

2 用茶匙把茶荷中的茶拨入盖碗中，投茶量为盖碗容量的1/4左右。

3 往盖碗中冲水至八分满，盖上盖碗的盖子，将茶汤滤入公道杯中。

4 将公道杯中的茶汤倒入品茗杯中，用茶夹洗杯，将洗杯的水倒入茶盘。

5 再次冲水至八分满，盖上盖子，闷泡一分钟。

6 将茶汤滤入公道杯中，再倒入各品茗杯中至七分满，双手端给宾客品饮。

瓷壶泡茶法

　　瓷壶密度高，泡出的茶香味清扬，可用小瓷壶冲泡高档红茶、乌龙茶等。又因瓷壶的保温性能好，故大容量的瓷壶适合在人数较多的聚会时，用于冲泡大宗红茶、大宗绿茶、中档花茶等。

【适合茶类】祁门红茶、台湾高山茶、熏花茶、白毫乌龙等

【准备茶具】小瓷壶、公道杯、过滤网、品茗杯、茶盘、茶荷、茶匙、茶巾、煮水器

冲泡方法

1 向壶内注入沸水，温壶后将水倒入公道杯中，再从公道杯中倒入品茗杯中温杯。

2 用茶匙将茶叶拨入茶壶中，投茶量红茶约为3克，乌龙茶可占壶容量的1/4~1/3。

3 以回旋高冲的手法向壶中冲水至满，盖上壶盖，泡1~2分钟。

4 将温热品茗杯的水倒入茶盘中。

5 将茶壶中泡好的茶汤倒入公道杯中，尽量倒干净。

6 将公道杯中的茶汤分倒入各品茗杯中至七分满，双手端给宾客品饮。

紫砂壶泡茶法

紫砂壶保温性能好、透气度高，能充分显示茶叶的香气和滋味，而且久放茶水也不会产生腐败的馊味，提携、抚握均不易烫手，置于火上烧炖也不会炸裂，非常适合家庭泡茶。

【适合茶类】普洱熟茶、铁观音、大红袍等

【准备茶具】紫砂壶、公道杯、过滤网、品茗杯、杯托、茶船、茶荷、茶匙、茶巾、煮水器

冲泡
方法

1 把紫砂壶放在茶船上，注入沸水来温热茶壶。

2 把茶壶的沸水倒入公道杯，再把公道杯里的水倒入各品茗杯中，温杯后弃水。

3 用茶匙将茶叶拨入茶壶中，使茶叶均匀散落在壶底，占茶壶容量的 1/3 ~ 1/2。

4 往壶中注入沸水，高冲水，至溢出壶盖沿为宜，用壶盖轻轻旋转刮去泡沫。

5 盖上壶盖，把茶汤倒入公道杯中，尽量倒干净。

6 把公道杯中的茶汤分倒入各品茗杯中至七分满，双手端给宾客品饮。

茶色、茶香、茶味

　　茶叶中的化学成分是组成茶叶色、香、味的物质基础，其中，多数化学成分能在冲泡过程中溶解于水中，从而形成茶汤特有的色泽、香气和滋味。

● 茶色

　　茶叶中的有色物质主要有叶绿素、叶黄素、胡萝卜素、花青素以及茶多酚的氧化物等，其中可溶于水的物质形成了茶汤或嫩绿或橙黄、或红艳或棕褐的不同色泽，其中的变化丰富而微妙。不同的茶类有不同的色泽要求。

1 绿茶

　　叶绿素是非水溶性化合物，因此茶汤中的绿色主要不是叶绿素的原因，而是由一些溶于水的多酚类、黄酮类化合物造成的。正因为如此，绿茶的茶汤一般绿中透黄。在各种绿茶中，蒸青茶显得最绿，这种翠绿的茶汤令人爱不释手。绿茶在保存过程中如果受了潮，显色物质被水解，汤色就会变得不绿。绿茶加工过程中有时因为鲜叶中含水分较多，如果不能很快散失，炒出来的茶叶也往往色泽呈灰绿色。

2 红茶

　　红茶干茶的色泽常成黑褐色，而茶汤则呈红褐色，其具体的色泽变化比绿茶复杂得多。红茶色泽的形成主要是在发酵过程中，茶多酚类物质氧化形成了茶黄素、茶红素，茶黄素主要影响红茶茶汤的明亮度，茶红素主要影响茶汤的红艳度。这两种有色物质的含量、比例变化形成了不同品种红茶汤色的差别。例如，云南、海南、广东生产的优质红茶，冲泡后的茶汤在杯边会出现"金边"，这与茶黄素含量高有关。高级红茶的茶汤会出现黄酱色的"冷后浑"，这是由于茶黄素、茶红素和茶汤中的咖啡碱相互作用，在温度较低的情况下形成不溶物质，如将茶汤加温，又会变回红颜明亮的汤色。低档红茶或陈红茶冲泡后，茶汤特别深，这是由于茶黄素、茶红素继续氧化，生成茶褐素，这种物质使茶汤发暗，颜色加深。

3 乌龙茶

乌龙茶属于半发酵茶，茶多酚的氧化程度较轻，转化成茶黄素。茶黄素的比例较低，因此干茶通常为青褐色，有些还有"绿叶红镶边"的特色，冲泡之后茶汤黄亮。但乌龙茶也有不同的发酵程度，如发酵程度低的包种茶，色泽和汤色偏向于绿茶，而发酵较重的白毫乌龙茶，氧化产物较多，因此成茶色泽和汤色也偏向于红茶。

4 黑茶

黑茶一般是选用粗老的鲜叶为原料，经过发酵后制成的。黑茶的茶汤呈棕红色，这是由于在制作过程中，叶绿素被破坏，茶叶中的叶黄素、花黄素、胡萝卜素等黄色物质显露，同时，在长时间的渥堆过程中，茶多酚及其次级氧化产物大量氧化，从而使汤色棕红。优质黑茶的汤色甚至会像葡萄酒般，红润且光泽度极佳，劣质的黑茶汤色会变得像酱油一样。

5 黄茶

黄茶以"黄"为特色，干茶呈微黄色，茶汤色泽黄色，叶底也为黄色。形成黄茶这种独特品质特点的是一种叫"闷黄"的工艺技术，是指将杀青或揉捻或初烘后的茶叶趁热堆积，使茶坯在湿热作用下逐渐黄变的特有工序。在这种热化作用下，叶绿素被大量破坏、分解，叶黄素显露，因此茶汤呈现黄色。

6 白茶

白茶属轻度发酵茶，茶多酚经过轻微的氧化而变成黄白色，同时，其他有色物质如叶绿素、胡萝卜素被破坏而分解，因此茶汤的颜色黄白而明亮。

7 花茶

花茶的关键步骤是"窨制"，利用鲜花的吐香能力和干茶的吸香能力，将有香味的鲜花和新茶一起闷，从而使茶叶吸附上鲜花的味道。由于鲜花的含水量较高，茶坯受潮后，茶多酚发生轻度氧化，因此花茶的汤色呈明亮的黄绿色。

● 茶香

茶叶的香气取决于其中所含有的各种香气化合物。目前在茶叶中已鉴定出 500 多种挥发性香气化合物，这些不同香气化合物的不同比例和组合构成了各种茶叶的特殊香味，如绿茶的清香、红茶的醇香、乌龙茶的花香、黑茶的陈香等。

茶香一般在茶叶冲泡过程中发挥出来，随着茶汤逐渐冷却，香气也会消失。芳香物质的挥发速度与温度成正比，即水温越高挥发得越多越快，水温低时挥发得少而慢。对于高香的茶类，如乌龙茶，除了需用沸水冲泡外，还需淋壶，以增加温度，使茶香充分发挥出来。

● 茶味

茶的味道来自于茶汤中的可溶性物质，包括甜醇味、鲜爽味、苦味、涩味、苦涩味、酸辛味等，其中有主次和组合之分，只有组合、配比适当才能显出茶味的特色，体现茶汤滋味的复杂性。例如，红茶中咖啡碱、茶黄素和氨基酸的比例合适，便产生了红茶浓强而鲜爽的独特滋味。

在形成茶味的各种化学物质中，主味物质为茶多酚、氨基酸，助味物质有咖啡碱、花青素、茶皂素等苦味物质，有机酸和维生素 C 等酸味物质，可溶性糖和部分氨基酸等甜味物质，以及咸味物质无机盐类。

茶多酚形成茶汤的苦涩味。如果茶多酚含量过高，茶汤的苦涩味加重；茶多酚含量适中，会感到甘醇爽口。这就是春茶比夏茶好喝的原因，夏茶的茶多酚含量较高，茶味苦涩。

茶汤的鲜爽味与大部分氨基酸有关。氨基酸含量越高，茶汤的鲜爽感越足。一般春茶中的氨基酸明显高于夏、秋茶，因此具有明显的清鲜味。另外，茶黄素、茶红素等茶多酚的氧化物也有一定的鲜爽味。

涩味是茶汤最明显的味道，其原因是茶多酚含量占茶叶化学物质总量的 15% ~ 20%，其次是氨基酸和咖啡碱，含量在 2% ~ 4% 之间，它们形成茶汤的苦味和鲜爽味。绿茶或红茶经过几次冲水后，鲜爽味会渐渐消失，苦味显露，这是因为其他物质溶解已尽，只剩下多酚类化合物。

关于茶的"回甘"，除了茶汤中可溶性糖的作用外，还有几种说法。其中一种说法认为，喝茶回甘主要是茶多酚跟蛋白质结合导致"涩感转化"的一种过程，茶叶中的茶多酚跟蛋白质结合形成一层不透水的薄膜，导致口腔局部肌肉收缩，形成涩感，当薄膜破裂的时候，口腔肌肉恢复，就会出现回甘生津的效果。另一种说法认为喝茶回甘的原因是一种"对比效应"，属于感官错觉。

品茶须知

品茶是一种文化，不仅要感知茶叶的色、香、味、形，区分品质优劣，更要用心品赏，提高典雅清和的意趣，丰富其文化内涵，使品茗成为一种艺术享受。

● 闻香气

首先，闻一闻干茶的香气，如果经过烫壶再倒入干茶，香气会更明显。嗅闻茶叶冲泡之后的香气，可以使用闻香杯：将茶汤倒入闻香杯中，再将闻香杯中的茶汤倒入品茗杯，深深吸闻闻香杯中的味道。若不使用闻香杯，可以半掩茶壶盖，闻一闻壶缘的味道。

茶汤正热之际，最容易闻出茶叶是否有异样味道，如青臭味、焦臭味、油臭味、烟臭味、闷气味、油耗味等。品质较高的茶，即使茶汤冷却之后，依然会散发出优雅的香气，持久不散，清爽不混杂。

● 尝滋味

不宜品尝太烫的茶汤，因太烫的茶汤会使味觉细胞受到强烈刺激而麻木。正确的方法是待茶汤温度降至 50 ~ 60℃时，饮取 5 ~ 10 毫升含入口中，以舌头在口腔中来回打转，慢慢咽下茶汤，感受茶汤的滋味，包括茶汤的刺激性、浓稠度、活性、收敛性、回甘、余味几个方面。

◇**刺激性**：以绿茶和红茶最强，一般而言，如果刺鼻或太苦，则不是好茶。

◇**浓稠度**：浓稠度高代表茶叶的溶出物多，茶汤的可溶性成分含量高，滋味好。

◇**活性**：活性强说明茶的制作工艺好，反应了茶的发酵与焙火是否恰当。

◇**收敛性**：茶汤入口后，口腔中产生圆滑舒爽而非粗糙的感觉，说明收敛性适当。

◇**回甘**：茶汤入喉片刻后，逐渐分泌唾液，喉咙感觉滋润甘美。好茶的回甘较持久。

◇**余味**：喝完茶汤许久后，仍对茶叶的滋味留有深刻、美好的印象，说明余味十足。

鉴赏茶叶的六个方面	
鉴赏内容	**常用评语**
外形	紧结、粗壮、重实、平直、显毫、匀称、浑圆、扁平、卷曲、挺秀
干茶色泽	翠绿、嫩绿、黄绿、乌润、黄褐、黑褐、猪肝色、棕红、乌黑、花杂
香气	清香、花香、高香、栗香、甜香、幽香、馥郁、高火、纯和、松烟香
汤色	嫩绿、黄绿、橙黄、黄亮、橙红、红亮、清澈、明亮、棕褐、冷后浑
滋味	鲜爽、浓厚、浓强、回甘、醇厚、醇和、浓醇、涩口、苦、淡薄
叶底	细嫩、柔软、匀齐、肥厚、开展、粗老、摊张、皱缩、暗杂、瘦薄

动手泡一杯香茗

学会各种茶的泡法 ∨∨

了解完茶叶的基本知识和泡茶、品茶的要点，接下来亲自动手，冲泡一款中意的香茗吧！拿到一款茶，首先要对它的茶类、产地、特点、发酵方式、健康功效等信息做个基本的了解，接着鉴赏干茶的条索、色泽，然后根据其特点确定合适的茶具、水温、克数，最后就可以一步一步进行冲泡了。端起泡好的茶，品赏其汤色、香气、滋味、叶底，感受其蕴藏的悠远文化，一切尽在不言中。

绿茶

【绿茶的品种】

根据绿茶在制作过程中杀青、干燥方式的不同，可将绿茶分为炒青绿茶、烘青绿茶、晒青绿茶和蒸青绿茶四类。

炒青绿茶

采用炒制的方法干燥而成的绿茶称为炒青绿茶。此类绿茶汤清叶清，有锅炒的清香和熟栗香。由于受到机械或手工操力的作用，成茶可形成长条形、圆珠形、扇平形、针形、螺形等不同形状，因此又可细分为以下四类：

长炒青：即长条形炒青绿茶，由于成品形状似眉毛，故又称"眉茶"，分为珍眉、针眉、秀眉、贡熙、虾目五个花色。

圆炒青：也称圆茶，成茶外形圆紧如珠，香高味浓，耐冲泡。代表品种有平水珠茶（平绿）、泉岗辉白、涌溪火青等。

扁炒青：外形扁平光滑，香鲜味醇，大多为名优绿茶。根据产地和制法不同，主要分为龙井、旗枪、大方三种。

细嫩炒青：又称为"特种炒青"或"炒青名茶"，指采摘细嫩茶芽制成的炒青绿茶，品种较多，如西湖龙井、洞庭碧螺春、信阳毛尖、庐山雨雾等。

烘青绿茶

采用烘笼进行烘干而成的绿茶称为烘青绿茶，分为普通烘青和细嫩烘青两种。前者多用于制作窨花茶的茶坯；后者不乏名品，如黄山毛峰、太平猴魁、六安瓜片、敬亭绿雪等。

晒青绿茶

晒青绿茶是绿茶里较独特的品种，是将鲜叶在锅中炒杀青、揉捻后直接通过太阳光照射来干燥，有滇青、黔青、川青、粤青、桂青、湘青、陕青、豫青等品种，主要用作沱茶、紧茶、饼茶、方茶、康砖、茯砖等紧压茶的原料。

蒸青绿茶

通过高温蒸汽的方法将鲜叶杀青而制成的绿茶称为蒸青绿茶。蒸青绿茶的香气较闷，不及炒青绿茶那样鲜爽。代表茶有湖北恩施的玉露、当阳的仙人掌茶、江苏宜兴的阳羡茶等。日本茶道中所用的茶叶就是蒸青绿茶的一种——抹茶。

绿茶的家庭冲泡法

1 洗净茶具

冲泡绿茶最宜选透明玻璃杯，也可用白瓷杯，透明的杯子更加便于欣赏绿茶的外形和辨别其质量。

2 赏茶

在泡茶前，先观察干茶的色泽和形状，感受名茶的优美外形和工艺特色。

3 投茶

根据投茶和倒水的顺序，绿茶的投茶可分为上投法、中投法和下投法三种。龙井、碧螺春等外形紧结重实的绿茶适合上投法，黄山毛峰、庐山云雾等大部分绿茶适合中投法，六安瓜片、太平猴魁等茶条舒展的绿茶适合下投法。

4 泡茶

将水高冲入杯可激出茶叶的清香，同时观赏茶叶在杯中翻滚。

5 品茶

浸泡两三分钟之后即可品茶，小口慢慢吞咽，让茶汤在口中和舌头充分接触，要鼻舌并用，品出茶香。

常见的几个问题

1. 关于水温

高级绿茶，尤其是芽叶细嫩的名优绿茶，水温以 80℃ 左右为宜，以免烫熟茶叶，使茶汤变黄、茶味变苦、茶味散失。中、低档绿茶则最好用沸水冲泡，否则茶味淡薄。注意，这里的水温是指将水煮沸之后，再降至所需的温度。

2. 关于投茶量

一般来说，冲泡绿茶的茶水比例是 1：50 ~ 1：60，即 1 克茶叶用水 50 ~ 60 毫升。3 克绿茶用 150 毫升的水来冲泡，冲出来的茶汤浓淡适中，口感鲜醇。

3. 关于三种投茶法

上投法：洗净茶杯后，先倒水至七分满，然后投入茶叶，待其徐徐下降。

中投法：冲水至茶杯容量的 1/3，然后投茶，轻轻转杯待茶吸水伸展，再冲水至七分满。

下投法：温杯后，先将茶叶投入杯中，再倒水至 1/3，待茶叶完全濡湿后冲水至七分满。

4. 关于续水

绿茶饮至杯中的水剩 1/3 时，即需续水至七分满，太迟续水，会使茶汤变得无味。

绿茶

西湖龙井

类别 炒青绿茶

产地 浙江省杭州市西湖区龙井村

识茶一句话

　　西湖龙井是指产于中国杭州西湖龙井一带的一种炒青绿茶，是中国最著名的绿茶之一，按产地不同分为狮、龙、云、虎、梅五个种类，其中以狮峰龙井为最佳，有"龙井之巅"的美誉。

发酵类型　　不发酵

功效亮点　　缓解疲劳，提高思维能力，减轻辐射损伤

冲泡难度　　★★☆☆☆

▲ 西湖龙井干茶

▲ 西湖龙井茶汤

▲ 西湖龙井叶底

品鉴关键词

|外形| 光滑平直
|色泽| 色翠略黄
|香气| 清香幽雅
|汤色| 嫩绿明亮
|滋味| 甘鲜醇和
|叶底| 成朵匀齐

 小贴士 ————————

　　不要用100℃的沸水冲泡，因为龙井茶没有经过发酵，茶叶十分嫩，沸水会把茶叶烫坏，使味道变得苦涩。

🌡️ 水温：75 ~ 85℃　🫖 工具：玻璃杯　🍵 茶叶克数：3 克　⚫ 茶水比例：1:50

1 采用回旋斟水法，将热水缓慢注入玻璃杯中。

2 左手托杯底，右手拿杯，倾斜杯子，回旋 1 ~ 2 周后，将水倒掉。

3 一次性向杯中注热水至七分满，待水温降至适宜温度。

4 用茶匙将茶叶拨入杯中，静待茶叶一片一片下沉。

5 观赏茶叶在杯中逐渐伸展，一旗一枪，上下沉浮，汤明色绿，并细细品饮。

6 待第一泡茶喝至茶汤剩三分之一时，以高冲法上下提拉续水。

绿茶

洞庭碧螺春

类别 炒青绿茶

产地 江苏省苏州市洞庭山

洞庭碧螺春始于明代，产于江苏苏州太湖的洞庭山碧螺峰上，原名"吓煞人香"，俗称"佛动心"，后因康熙皇帝南巡时大加赞赏而御赐更名为"碧螺春"，是中国十大名茶之一。

发酵类型	不发酵
功效亮点	消脂减肥，抗衰老，预防心脑血管疾病
冲泡难度	★★☆☆☆

▲ 洞庭碧螺春干茶

▲ 洞庭碧螺春茶汤

▲ 洞庭碧螺春叶底

品鉴关键词

|外形| 卷曲似螺

|色泽| 银绿隐翠

|香气| 清香浓郁

|汤色| 嫩绿清澈

|滋味| 鲜醇甘厚

|叶底| 嫩绿明亮

 小贴士

碧螺春毫多，冲泡之后会有"毫浑"，即茶汤不像其他绿茶清明透亮，茶水中悬浮着无数细小的茶毫。

🌡 水温：70 ～ 80℃　🫖 工具：玻璃杯　📇 茶叶克数：3 克　⚫ 茶水比例：1:50

1 采用回旋斟水法，将热水缓慢注入玻璃杯中。

2 左手托杯底，右手拿杯，倾斜杯子，回旋 1 ～ 2 周后，将水倒掉。

3 一次性向杯中注热水至七分满，待水温降至适宜温度。

4 用茶匙将茶叶拨入杯中，原产地碧螺春几秒即沉底。

5 约 1 分钟后，待杯底茶叶完全舒展即可品饮，不宜泡太久。

6 饮至剩三分之一时续水，观赏茶叶如"雪浪喷珠、春染杯底、绿满晶宫"。

与视频同步做　手机扫二维码

绿茶

庐山云雾

类别 炒青绿茶

产地 江西省九江市庐山

庐山云雾古称"闻林茶"，始产于汉代，著名于宋代，被列为贡茶，由于长年饱受庐山流泉飞瀑的浸润和行云走雾的熏陶，其茶汤幽香如兰，味似龙井而更为醇香，饮后回甘香绵。

| 发酵类型 | 不发酵 |

功效亮点 帮助消化，杀菌解毒，防止肠道感染

冲泡难度 ★★☆☆☆

▲ 庐山云雾干茶

▲ 庐山云雾茶汤

▲ 庐山云雾叶底

品鉴关键词

|外形| 紧凑秀丽
|色泽| 光润青翠
|香气| 鲜爽持久
|汤色| 黄绿明亮
|滋味| 醇厚甘甜
|叶底| 嫩绿匀齐

 小贴士

庐山云雾茶条索紧结，鲜嫩度高，因此也可以用上投法进行冲泡。此茶味道浓郁，投茶量不宜多。

🌡 水温：75 ~ 85℃　🫖 工具：玻璃杯　🍵 茶叶克数：3 克　⚫ 茶水比例：1:50

1 | 采用回旋斟水法，将热水缓慢注入玻璃杯中。

2 | 左手托杯底，右手拿杯，倾斜杯子，回旋 1 ~ 2 周后，将水倒掉。

3 | 向杯中注水至三分之一，待水温降至适宜温度，用茶匙将茶叶拨入杯中。

4 | 左手托杯底，右手扶杯，将茶杯轻轻转动约 30 秒，待茶叶浸润。

5 | 将玻璃杯放回茶桌，继续冲水至七分满。

6 | 观赏茶叶上下沉浮的"茶舞"，3 分钟后即可品饮。

绿茶

安吉白茶

类别
烘青绿茶

产地
浙江省湖州市安吉县

识茶一句话

安吉白茶虽名为白茶，实为绿茶，是一种珍罕的变异茶种，其加工原料采自一种嫩叶全为白色的茶树，此茶树产"白茶"时间很短，通常仅一个月左右，茶叶经冲泡后，其叶底也呈现玉白色。

发酵类型　不发酵

功效亮点　消除紧张，保护神经细胞，预防阿尔茨海默病

冲泡难度　★★☆☆☆

▲ 安吉白茶干茶

▲ 安吉白茶茶汤

▲ 安吉白茶叶底

品鉴关键词

|外形| 形如凤羽

|色泽| 光亮油润

|香气| 馥郁持久

|汤色| 清澈明亮

|滋味| 鲜爽甘醇

|叶底| 叶白脉绿

 小贴士

品饮安吉白茶时，先闻香，再观汤色以及杯中上下浮动、玉白透明、形似兰花的芽叶，然后小口品饮。

🌡 水温：80 ~ 85℃　🫖 工具：玻璃杯　📦 茶叶克数：3 克　⚫ 茶水比例：1:50

1 采用回旋斟水法，将热水缓慢注入玻璃杯中。

2 左手托杯底，右手拿杯，倾斜杯子，回旋 1 ~ 2 周后，将水倒掉。

3 向杯中注水，至三分之一处。

4 待水温降至适宜的温度，用茶匙将茶叶拨入杯中。

5 左手托杯底，右手扶杯，将茶杯轻轻转动约 30 秒，使茶叶充分浸润。

6 将玻璃杯放回茶桌，继续冲水至七分满，泡约 2 分钟即可品饮。

与视频同步做　手机扫二维码

六安瓜片

类别 炒青绿茶

产地 安徽省六安市

六安瓜片，又称片茶，唐称"庐州六安茶"，因其产地古时隶属六安府而得名，其中产于金寨齐云山一带的茶叶为瓜片中的极品，冲泡后雾气蒸腾，有"齐山云雾"的美称，清朝时期为朝廷贡茶。

发酵类型 不发酵

功效亮点 古人以其为药，可清心目、消疲劳、通七窍

冲泡难度 ★ ★ ☆ ☆ ☆

▲ 六安瓜片干茶

▲ 六安瓜片茶汤

▲ 六安瓜片叶底

品鉴关键词

| 外形 | 卷曲多毫
| 色泽 | 宝绿起霜
| 香气 | 清香持久
| 汤色 | 碧绿清澈
| 滋味 | 鲜醇回甘
| 叶底 | 黄绿匀亮

小贴士

六安瓜片也可以用白瓷盖碗冲泡，若用盖碗冲泡，第一泡出汤控制在 45 秒，留三分之一茶汤再续水。

🌡 水温：85 ~ 90℃　🍵 工具：玻璃杯　📦 茶叶克数：3 克　⚫ 茶水比例：1:50

1 采用回旋斟水法，将热水缓慢注入玻璃杯中。

2 左手托杯底，右手拿杯，倾斜杯子，回旋 1 ~ 2 周后，将水倒掉。

3 趁杯子仍温热时，用茶匙将茶叶轻轻拨入杯中。

4 轻轻晃动杯中的茶叶，闻茶香。

5 待水温降至适宜温度，沿杯壁缓缓注入三分之一水量，拿起杯子轻摇。

6 一分半钟之后，继续加水至七分满，再静待一分半钟即可品饮。

绿茶

太平猴魁

类别 烘青绿茶

产地 安徽省黄山市北麓的黄山区（原太平县）

识茶一句话

　　太平猴魁外形两叶抱芽，扁平挺直，自然舒展，白毫隐伏，有"猴魁两头尖，不散不翘不卷边"的美名，其叶色苍绿匀润，叶脉绿中隐红，兰香高爽，滋味醇厚回甘，有独特的余韵，芽叶成朵肥壮。

发酵类型	不发酵
功效亮点	抗菌抑菌，减肥，防龋齿，抑制癌细胞
冲泡难度	★ ★ ☆ ☆ ☆

▲ 太平猴魁干茶

▲ 太平猴魁茶汤

▲ 太平猴魁叶底

品鉴关键词

外形	扁平挺直
色泽	苍绿匀润
香气	兰香高爽
汤色	黄绿明澈
滋味	鲜爽醇厚
叶底	嫩匀肥壮

 小贴士

　　与其他绿茶相比，太平猴魁茶汤回味甘甜，冲泡时即使放置的茶量过多也不会苦涩。

🌡 水温：80～85℃　　🔄 工具：玻璃杯　　📋 茶叶克数：5 克　　⚫ 茶水比例：1:40

1 | 选择一个较高的直形玻璃杯，将热水注入杯中温杯后将水倒掉。

2 | 将茶叶头尾整理整齐，根部朝下投茶，利用杯体的热度让猴魁苏醒。

3 | 待水降至适宜温度，沿杯壁注水，至没过茶叶根部约3厘米。

4 | 双手持杯，倾斜杯体，沿一个方向缓缓做圆周转动，缓缓浸润茶叶。

5 | 再次沿杯壁缓缓注水，切不可冲到茶头，注水至七分满。

6 | 静待2分钟后即可品饮。

绿茶

南京雨花茶

类别 炒青绿茶

产地 江苏省南京市中山陵及雨花台园林风景区

识茶一句话

雨花茶因产于南京雨花台而得名，紧、直、绿、匀是其品质特色，此茶必须在谷雨前采摘，一芽一叶，全工序皆用手工完成，冲泡后碧绿清澈，香气清幽，滋味醇厚，回味甘甜。

品鉴关键词

外形	形似松针
色泽	银白隐翠
香气	浓郁高雅
汤色	黄绿清澈
滋味	鲜醇宜人
叶底	嫩匀明亮

发酵类型 不发酵

功效亮点 除烦去腻，清神益气，有助于消除春困

冲泡难度 ★★☆☆☆

▲ 南京雨花茶干茶

▲ 南京雨花茶茶汤

▲ 南京雨花茶叶底

冲泡方法

🌡️ 水温：80 ~ 90℃　　🫖 工具：玻璃杯　　📦 茶叶克数：3 克　　⚫ 茶水比例：1:50

1 采用回旋斟水法，将热水注入玻璃杯中。

2 左手托杯底，右手拿杯，稍倾斜杯子，逆时针逐渐回旋一周，将水倒掉。

3 向杯中注水至三分之一处，待水温降至适宜的温度，用茶匙将茶叶拨入杯中。

4 左手托杯底，右手扶杯，将茶杯顺时针方向轻轻转动约 30 秒，待茶叶浸润。

5 将玻璃杯放回茶桌，采用回旋注水法继续冲水至七分满。

6 观赏茶叶缓慢舒展浮沉，2 分钟后即可品饮。

绿茶

太湖翠竹

产地 江苏省无锡市锡北镇斗山山地区

品种 炒青绿茶

太湖翠竹为创新名茶，采用福丁大白茶等无性系品种芽叶，于清明节前采摘单芽或一芽一叶初展鲜叶，该茶泡在杯中，茶芽徐徐舒展，形如竹叶，亭亭玉立，似群山竹林，因此而得名。

品鉴关键词

|外形| 扁似竹叶
|色泽| 翠绿油润
|香气| 清高持久
|汤色| 黄绿明亮
|滋味| 鲜醇回甘
|叶底| 嫩绿匀整

发酵类型 不发酵

功效亮点 醒脑明目，促进新陈代谢，提高免疫力

冲泡难度 ★★☆☆☆

▲ 太湖翠竹干茶

▲ 太湖翠竹茶汤

▲ 太湖翠竹叶底

冲泡方法

🌡️ 水温：80～85℃　🥛 工具：玻璃杯　🫙 茶叶克数：3 克　⚫ 茶水比例：1:50

1　采用回旋斟水法，将热水注入玻璃杯中。

2　左手托杯底，右手拿杯，稍倾斜杯子，逆时针逐渐回旋一周，将水倒掉。

3　向杯中注水至三分之一处，待水温降至适宜的温度，用茶匙将茶叶拨入杯中。

4　待茶叶逐渐浸润，约 40 秒。

5　采用回旋注水法继续冲水至七分满。

6　观赏茶叶徐徐舒展，形如竹叶，2 分钟后即可品饮。

绿茶

金坛雀舌

类别 炒青绿茶

产地 江苏省金坛市方麓茶场

金坛雀舌为江苏省新创制的名茶之一，以其形如雀舌而得名，且以其精巧的造型、翠绿的色泽和鲜爽的嫩香屡获好评，内含成分丰富，水浸出物的茶多酚、氨基酸、咖啡碱含量较高。

品鉴关键词

外形	扁平挺直
色泽	翠绿圆润
香气	嫩香清高
汤色	碧绿明亮
滋味	鲜醇爽口
叶底	嫩匀成朵

发酵类型 不发酵

功效亮点 增进思维，消除疲劳，提高工作效率

冲泡难度 ★★☆☆☆

▲ 金坛雀舌干茶

▲ 金坛雀舌茶汤

▲ 金坛雀舌叶底

冲泡方法

🌡 水温：80 ~ 85℃　　🫖 工具：玻璃杯　　☕ 茶叶克数：3 克　　⚫ 茶水比例：1:50

1 采用回旋斟水法，将热水注入玻璃杯中。

2 左手托杯底，右手拿杯，稍倾斜杯子，逆时针逐渐回旋一周，将水倒掉。

3 趁杯子仍温热时，用茶匙将茶叶轻轻拨入杯中。

4 轻轻晃动杯中的茶叶，闻茶香。

5 待水温降至适宜温度，沿杯壁缓缓注入三分之一水量，待茶叶充分浸润。

6 约 40 秒之后，继续加水至七分满，2 分钟之后即可品饮。

绿茶

上饶白眉

类别
炒青绿茶

产地
江西省上饶市上饶县尊桥乡

识茶一句话

上饶白眉是江西省上饶县创制的特种绿茶，它满披白毫，外观雪白，外形恰如老寿星的眉毛，其鲜叶采自大面白茶树种，根据鲜叶嫩度不同，分为银毫、毛尖和翠峰三个花色。

品鉴关键词

外形	条索匀直
色泽	绿润披毫
香气	清高持久
汤色	黄绿明亮
滋味	鲜醇浓郁
叶底	嫩匀成朵

发酵类型　不发酵

功效亮点　提神，杀菌，解暑，醒酒，降压，减肥，抗癌

冲泡难度　★★☆☆☆

▲ 上饶白眉干茶

▲ 上饶白眉茶汤

▲ 上饶白眉叶底

冲泡方法

🌡 **水温**：80～85℃　　🫖 **工具**：玻璃杯　　🍃 **茶叶克数**：3克　　● **茶水比例**：1:50

1　采用回旋斟水法，将热水注入玻璃杯中。

2　左手托杯底，右手拿杯，稍倾斜杯子，逆时针逐渐回旋一周，将水倒掉。

3　趁杯子仍温热时，用茶匙将茶叶轻轻拨入杯中。

4　轻轻晃动杯中的茶叶，闻茶香。

5　待水温降至适宜温度，沿杯壁缓缓注入三分之一水量。

6　待茶叶充分浸润，继续加水至七分满，2～3分钟之后即可品饮。

绿茶

黄山毛峰

产地 安徽省黄山市

类别 烘青绿茶

黄山毛峰由清代光绪年间谢裕泰茶庄所创制，以茶形"白毫披身、芽尖似峰"而得名，其特点为"香高、味醇、汤清、色润"，堪称我国众多毛峰之中的贵族，是著名的外交礼品用茶。

发酵类型 不发酵

功效亮点 促进新陈代谢，降血脂，瘦身减肥，清口臭

冲泡难度 ★★☆☆☆

品鉴关键词

| 外形 | 状似雀舌
| 色泽 | 绿中泛黄
| 香气 | 馥郁如兰
| 汤色 | 清碧微黄
| 滋味 | 浓郁醇和
| 叶底 | 嫩匀成朵

▲ 黄山毛峰干茶

▲ 黄山毛峰茶汤

▲ 黄山毛峰叶底

冲泡方法

🌡 水温：80 ~ 90℃　　🫖 工具：玻璃杯　　🍵 茶叶克数：3 克　　⚫ 茶水比例：1:50

1　采用回旋斟水法，将热水注入玻璃杯中。

2　左手托杯底，右手拿杯，稍倾斜杯子，逆时针逐渐回旋一周，将水倒掉。

3　向杯中注水至三分之一处，待水温降至适宜的温度，用茶匙将茶叶拨入杯中。

4　左手托杯底，右手扶杯，将茶杯顺时针方向轻轻转动约 30 秒。

5　待茶叶浸润，采用回旋注水法继续冲水至七分满。

6　观赏茶叶缓慢舒展浮沉，2 分钟后即可品饮。

绿茶

蒙顶甘露

类别 炒青绿茶

产地 四川省雅安市名山县蒙顶山一带

识茶一句话

　　蒙顶甘露是中国最古老的名茶，被尊为茶中故旧、名茶先驱，蒙顶山上清峰有汉代甘露祖师吴理真手植七株仙茶的遗址，"扬子江中水，蒙顶山上茶"，历代文人雅士对它赞扬不绝。

品鉴关键词	
外形	紧卷多毫
色泽	嫩绿油润
香气	嫩香馥郁
汤色	碧清微黄
滋味	浓郁回甘
叶底	嫩绿鲜亮

发酵类型　不发酵

功效亮点　延缓衰老，抑制心血管疾病，抗癌，醒脑

冲泡难度　★★☆☆☆

▲ 蒙顶甘露干茶

▲ 蒙顶甘露茶汤

▲ 蒙顶甘露叶底

冲泡方法

🌡 水温：80～85℃　　🫖 工具：玻璃杯　　🫙 茶叶克数：3克　　⚫ 茶水比例：1:50

1　采用回旋斟水法，将热水注入玻璃杯中。

2　左手托杯底，右手拿杯，稍倾斜杯子，逆时针逐渐回旋一周，将水倒掉。

3　一次性向杯中注热水至七分满，待水温降至约85℃。

4　用茶匙将茶叶拨入杯中，待茶叶吸水下沉。

5　观赏茶叶在杯中逐渐伸展，并细细品饮。

6　待第一泡茶喝至茶汤剩三分之一时，以高冲法上下提拉续水。

绿茶

竹叶青

类别 炒青绿茶

产地 四川省峨眉山市峨眉山及周边地区

峨眉竹叶青是在总结峨眉山万年寺僧人长期种茶制茶基础上发展而成的，于 1964 年由陈毅命名，此后开始批量生产，采用的鲜叶十分细嫩，加工工艺精细，是优质的礼品茶。

发酵类型　不发酵

功效亮点　清热解毒，消炎化痰，利尿通便，美白祛斑

冲泡难度　★ ★ ☆ ☆ ☆

品鉴关键词

| 外形 | 形似竹叶
| 色泽 | 嫩绿油润
| 香气 | 清香馥郁
| 汤色 | 嫩黄清透
| 滋味 | 鲜嫩醇爽
| 叶底 | 嫩绿明亮

▲ 竹叶青干茶

▲ 竹叶青茶汤

▲ 竹叶青叶底

冲泡方法

🌡️ 水温：85 ~ 90℃　🫖 工具：玻璃杯　📦 茶叶克数：3 克　⚫ 茶水比例：1:50

1　采用回旋斟水法，将热水注入玻璃杯中。

2　左手托杯底，右手拿杯，稍倾斜杯子，逆时针逐渐回旋一周，将水倒掉。

3　向杯中注水至三分之一处，待水温降至适宜的温度，用茶匙将茶叶拨入杯中。

4　左手托杯底，右手扶杯，将茶杯顺时针方向轻轻转动约 30 秒。

5　待茶叶浸润，采用"凤凰三点头"的方法继续冲水至七分满。

6　观赏茶叶舒展浮沉，根根直立，2 分钟后即可品饮。

绿茶

恩施玉露

类别 蒸青绿茶

产地 湖北省恩施市东郊五峰山一带及芭蕉侗族乡

识茶一句话

恩施玉露产于世界硒都——湖北省恩施市，是为数不多的一种蒸青绿茶，自唐时即有"施南方茶"的记载，其茶不但叶底绿亮、鲜香味爽，而且外形色泽油润翠绿，毫白如玉。

品鉴关键词

| 外形 | 条索紧细
| 色泽 | 苍翠绿润
| 香气 | 馥郁清鲜
| 汤色 | 清澈明亮
| 滋味 | 醇和回甘
| 叶底 | 嫩绿匀整

发酵类型 不发酵

功效亮点 抗氧化，提高身体抗病能力，防癌抗癌

冲泡难度 ★★☆☆☆

▲ 恩施玉露干茶

▲ 恩施玉露茶汤

▲ 恩施玉露叶底

冲泡方法

🌡 水温：85～90℃　　⏱ 工具：玻璃杯　　🍵 茶叶克数：3克　　● 茶水比例：1:50

1　采用回旋斟水法，将热水注入玻璃杯中。

2　左手托杯底，右手拿杯，稍倾斜杯子，逆时针逐渐回旋一周，将水倒掉。

3　一次性向杯中注热水至七分满，然后待水温降至适宜温度。

4　用茶匙将针形的茶叶垂直拨入杯中，此时茶叶会一边飘落一边展叶。

5　观赏茶叶在杯中逐渐伸展，并细细品饮。

6　待第一泡茶喝至茶汤剩三分之一时，以高冲法上下提拉续水。

绿茶

信阳毛尖

类别 炒青绿茶

产地 河南省信阳市

信阳毛尖又称"豫毛峰",因条索紧直锋尖、茸毛显露,故而得名,其采制极为考究,成茶以其"细、圆、光、直、多白毫、香高、味浓、汤绿"的特色为历代文人名家所倾慕。

| 发酵类型 | 不发酵 |

| 功效亮点 | 抗菌消炎,以茶汤漱口,可防龋齿、预防感冒 |

| 冲泡难度 | ★★☆☆☆ |

▲ 信阳毛尖干茶

▲ 信阳毛尖茶汤

▲ 信阳毛尖叶底

品鉴关键词

|外形| 细秀匀直
|色泽| 翠绿光润
|香气| 清香高长
|汤色| 黄绿明亮
|滋味| 鲜浓醇香
|叶底| 细嫩匀整

 小贴士

采用上投法泡茶,会使杯中茶汤浓度上下不一,品饮前可轻轻摇动茶杯,使茶汤浓度上下均一。

🌡 水温：80 ~ 85℃　🍵 工具：玻璃杯　🗃 茶叶克数：3 克　⬤ 茶水比例：1:50

1 ┃ 采用回旋斟水法，将热水缓慢注入玻璃杯中。

2 ┃ 左手托杯底，右手拿杯，倾斜杯子，回旋 1 ~ 2 周后，将水倒掉。

3 ┃ 一次性向杯中注热水至七分满，待水温降至适宜温度。

4 ┃ 用茶匙将茶叶拨入杯中，可看见茶叶一片一片下沉。

5 ┃ 静待 2 分钟，观赏茶叶在杯中逐渐伸展，并细细品饮。

6 ┃ 第一泡茶喝至茶汤剩三分之一时，以高冲法，上下提拉续水。

手机扫二维码
与视频同步做

红茶

【红茶的分类】

根据制作方法的不同，红茶可分为小种红茶、工夫红茶、红碎茶三种。

小种红茶

小种红茶是最古老的红茶，同时也是其他红茶的鼻祖，其他红茶都是从小种红茶演变而来的。小种红茶分为正山小种和外山小种，均原产于武夷山地区。

正山小种：产于武夷山市星村镇桐木关一带，所以又称为"星村小种"或"桐木关小种"，其干茶外形条索肥实，色泽乌润，泡水后汤色红浓，香气高长，带松烟香，滋味醇厚，带有桂圆汤味，加入牛奶茶香味不减，形成糖浆状奶茶，液色更为绚丽。

外山小种：福建的政和、坦洋、北岭、屏南、古田等地所产的仿照正山品质的小种红茶，如坦洋小种、政和小种，古田小种、东北岭小种等，品质不及正山小种，统称"外山小种"或"人工小种"。凡是武夷山中所产的茶，均称作正山，而武夷山附近所产的茶称外山。

工夫红茶

我国有十二个省先后生产工夫红茶，按地区命名的有滇红工夫、祁门工夫、宁红工夫、湖红工夫、闽红工夫（含坦洋工夫、白琳工夫、政和工夫）、越红工夫、江红工夫、粤红工夫及台湾工夫等。按品种又分为大叶工夫和小叶工夫。大叶工夫茶是以乔木或半乔木茶树鲜叶制成的；小叶工夫茶是以灌木型小叶种茶树鲜叶为原料制成的。工夫红茶品质各具特色，最为著名的当数安徽祁门所产的"祁红"和云南省所产的"滇红"。

红碎茶

红碎茶按其外形又可细分为叶茶、碎茶、片茶、末茶四种花色，其在国内的产地分布较广，遍于云南、广东、海南、广西，主要供出口，较为著名的有滇红碎茶和南川红碎茶。红碎茶可直接冲泡，也可包成袋泡茶后连袋冲泡。由于红碎茶常加糖、奶混合饮用，因此强调滋味的浓度、强度和鲜爽度，汤色要求红艳明亮，以免泡饮时茶的风味被糖、奶等兑制成分所掩盖。

红茶的家庭冲泡法

1 **洗净茶具**

将泡茶用的壶、杯子等茶具用水清洗干净。

2 **投茶**

如用玻璃杯，放入 3 克左右的红茶即可；如用茶壶，则参照 1:50 的茶水比例。

3 **冲泡**

待水温降至 90℃左右，冲水约至八分满，冲泡 3 分钟左右即可。

4 **闻香观色**

泡好后，先闻一下它的香气，然后观察茶汤的颜色。

5 **品茶**

待茶汤冷热适口时，慢慢小口饮用，用心品味。

6 **调饮**

在红茶汤中加入调料一同饮用，常见调料有糖、牛奶、柠檬片、蜂蜜等。

常见的几个问题

1. 关于水温

泡茶水温与茶的老嫩、松紧、大小有关。原料粗老、紧实、整叶的，要比原料细嫩、松散、碎叶的冲泡水温高。红茶若原料老嫩适中，故可用 90 ~ 95℃ 的开水冲泡。如果茶叶品质较好，如正山小种，水温更高些也可。

2. 关于浓淡

茶、水的用量还与饮茶者的年龄、性别有关。如果饮茶者是老茶客或是体力劳动者，一般可以适当加大茶量；如果饮茶者是新茶客或是脑力劳动者，可以适当少放一些茶叶。

3. 关于闷茶

为了避免红茶香味的丧失，冲泡的时候最好加上盖子，以保持红茶的芬香。好的红茶饮到味道稍淡时，可提高水温加盖闷泡几分钟，此时依然能喝到红茶的香气和韵味。

4. 关于冲泡次数

条形红茶，最好只冲泡 2 ~ 3 次，随后更换茶叶。颗粒细小的红碎茶，由于在加工鲜叶时经充分揉捻切细，内含成分很容易被沸水浸出，因此只能冲泡一次，不再重泡。

红茶

正山小种

类别 小种红茶

产地 福建省武夷山市星村镇桐木关地区

识茶一句话

　　正山小种是世界红茶的鼻祖，又称"桐木关小种"，是用松针或松柴熏制而成，有着非常浓烈的香味，茶叶呈灰黑色，茶汤为深琥珀色，后来在正山小种的基础上发展了工夫红茶。

发酵类型	全发酵

功效亮点	利尿、缓解水肿，体虚、体寒者亦可饮用

冲泡难度	★★★☆☆

▲ 正山小种干茶

▲ 正山小种茶汤

▲ 正山小种叶底

品鉴关键词

|外形| 紧结匀整

|色泽| 乌黑带褐

|香气| 芳香浓烈

|汤色| 红艳明亮

|滋味| 醇厚回甘

|叶底| 肥厚红亮

 小贴士 ————

　　正山小种可用100℃的沸水冲泡，前四泡出汤时间不超过30秒，后几泡时间可稍长，但也不要超过60秒。

🌡️ 水温：95 ～ 100℃　　🫖 工具：小瓷壶　　🍵 茶叶克数：5 克　　● 茶水比例：1:50

1 | 将开水倒入茶壶中，然后将水倒入公道杯中，接着倒入品茗杯中温杯。

2 | 趁茶壶还温热时，用茶匙将干茶拨入壶中。

3 | 向壶中注入适宜温度的水，盖上壶盖，迅速出汤，将茶汤滤入公道杯中。

4 | 将公道杯中的茶汤分别倒入各品茗杯中，洗杯，并将水倒去。

5 | 再次向壶中注水，盖上壶盖，5 秒左右出汤，滤入公道杯中。

6 | 将公道杯中的茶汤分入品茗杯至七分满，即可品饮。

手机扫二维码
与视频同步做

红茶

金骏眉

类别 小种红茶

产地 武夷山国家自然保护区

金骏眉是在正山小种红茶传统工艺基础上，采用创新工艺研发的高端红茶，其茶青为武夷山国家级自然保护区内的高山野生茶芽尖，干茶外形黑黄相间，乌黑之中透着金黄，显毫香高。

发酵类型 全发酵

功效亮点 杀菌消炎，调节脂肪代谢，防止动脉硬化

冲泡难度 ★★★★☆

▲ 金骏眉干茶

▲ 金骏眉茶汤

▲ 金骏眉叶底

品鉴关键词

|外形| 细紧隽茂

|色泽| 金黄油润

|香气| 清高持久

|汤色| 红黄澄亮

|滋味| 鲜活干爽

|叶底| 芽尖鲜亮

 小贴士

将茶汤滤入公道杯时，盖碗要尽量靠近茶滤，称为"低泡"，这样可以避免茶汤内的香气散发。

🌡 水温：90℃　🍵 工具：白瓷盖碗　🫙 茶叶克数：5 克　⚫ 茶水比例：1:50

1 将开水倒入盖碗中，然后将水倒入公道杯，接着倒入品茗杯中温杯。

2 趁盖碗还温热时，用茶匙将干茶拨入盖碗中。

3 高提水壶注水，使茶叶在盖碗内散开，盖上盖。

4 迅速将茶汤滤入公道杯中，再从公道杯中倒入品茗杯中洗杯，此道为润茶。

5 顺着杯沿往盖碗内高冲入水，至八分满，盖上盖，约 3 秒迅速出汤。

6 将茶汤滤入公道杯中，再分入各个品茗杯至七分满，即可品饮。

手机扫二维码
与视频同步做

红茶

祁门红茶

产地 安徽省黄山市祁门县

类别 工夫红茶

祁门红茶简称"祁红",是世界三大高香名茶之一,干茶色泽乌黑泛灰光,俗称"宝光",清饮可品其清香,调饮亦香气不减,在国际上有"祁门香""王子香""群芳最"的美名。

| 发酵类型 | 全发酵 |

| 功效亮点 | 消炎、保护胃黏膜,对治疗溃疡有一定效果 |

| 冲泡难度 | ★★★★☆ |

▲ 祁门红茶干茶

▲ 祁门红茶茶汤

▲ 祁门红茶叶底

品鉴关键词

|外形| 条索紧细

|色泽| 乌黑油润

|香气| 清鲜持久

|汤色| 橙黄明亮

|滋味| 醇和鲜爽

|叶底| 红亮柔嫩

 小贴士 ——————

祁门红茶通常可冲泡三次,三次的口感各不相同,细饮慢品,徐徐体味茶之真味,方得茶之真趣。

🌡 水温：90 ~ 95℃　🔄 工具：白瓷盖碗　📦 茶叶克数：5 克　⚫ 茶水比例：1:50

1 将开水倒入盖碗中，然后将水倒入公道杯，接着倒入品茗杯中温杯。

2 趁盖碗还温热时，将干茶轻轻拨入盖碗中。

3 待水温降至适宜温度，高冲水至满，用盖刮去泡沫，然后将盖盖好。

4 将茶汤滤入公道杯中，再由公道杯倒入品茗杯中，用茶汤洗杯。

5 高提水壶，顺着杯沿往盖碗内注水至八分满，盖上盖泡5 ~ 10 秒。

6 将茶汤滤入公道杯中，再分入各个品茗杯至七分满，即可品饮。

红茶

宁红工夫

类别 工夫红茶

产地 江西省九江市修水县、武宁县及宜春市铜鼓县

宁红工夫茶是我国最早的工夫红茶之一，远在唐代时，修水县就已盛产茶叶，生产红茶则始于清朝道光年间，到十九世纪中叶，宁州工夫红茶已成为当时著名的红茶之一。

发酵类型 全发酵

功效亮点 清头目，除烦渴，消食，化痰，利尿，解毒

冲泡难度 ★★★★☆

品鉴关键词

外形	紧结秀丽
色泽	乌黑油润
香气	玉兰花香
汤色	清澈鲜亮
滋味	甘甜鲜爽
叶底	红亮柔软

▲ 宁红工夫干茶

▲ 宁红工夫茶汤

▲ 宁红工夫叶底

冲泡方法

🌡 水温：90 ~ 95℃　　🫖 工具：白瓷盖碗　　🗄 茶叶克数：5 克　　⚫ 茶水比例：1:50

1　将开水倒入盖碗中，然后将水倒入公道杯，接着倒入品茗杯中温杯。

2　趁盖碗还温热时，将干茶拨入盖碗中，盖上盖，轻轻摇动几下，揭盖闻香。

3　待水温降至适宜温度，倒入盖碗中至八分满，然后将盖盖好。

4　将茶汤滤入公道杯中，再由公道杯倒入品茗杯中洗杯。

5　高提水壶，顺着杯沿往盖碗内注水至八分满，盖上盖泡 5 ~ 8 秒。

6　将茶汤滤入公道杯中，再分入品茗杯至七分满，即可品饮。

红茶

川红工夫

产地 四川省宜宾市

类别 工夫红茶

川红工夫是 20 世纪 50 年代创制的工夫红茶，精选本土优秀茶树品种种植，以提采法甄选早春幼嫩饱满芽叶精制而成，以金芽秀丽、芽叶显露、香气馥郁、回味悠长为品质特征。

品鉴关键词	
外形	肥壮圆紧
色泽	乌黑油润
香气	香气清鲜
汤色	浓亮鲜丽
滋味	醇厚鲜爽
叶底	厚软红匀

发酵类型 全发酵

功效亮点 帮助消化，增进食欲，利尿消肿，强心

冲泡难度 ★★★★☆

▲ 川红工夫干茶

▲ 川红工夫茶汤

▲ 川红工夫叶底

冲泡方法

🌡 水温：90 ~ 95℃　　🍵 工具：白瓷盖碗　　🗄 茶叶克数：5 克　　⬤ 茶水比例：1:50

1　将开水倒入盖碗中，然后将水倒入公道杯，接着倒入品茗杯中温杯。

2　趁盖碗还温热时，将干茶拨入盖碗中，盖上盖，轻轻摇动几下，揭盖闻香。

3　待水温降至适宜温度，倒入盖碗中至八分满，然后将盖盖好。

4　迅速将茶汤滤入公道杯中，再由公道杯倒入品茗杯中洗杯。

5　高提水壶，顺着杯沿往盖碗内注水至八分满，盖上盖泡 15 秒。

6　将茶汤滤入公道杯中，再分入品茗杯至七分满，即可品饮。

红茶

英德红茶

产地 广东省英德市境内

类别 工夫红茶

识茶一句话

英德红茶简称"英红"，于 1959 年由广东省英德茶厂创制，具有香高味浓的特点，分为叶、碎、片、末四种花色，其中金豪茶色泽金黄，金毫满披，被誉为"东方金美人"。

发酵类型 全发酵

功效亮点 改善消化不良，缓解细菌引起的急性腹泻

冲泡难度 ★★★★☆

▲ 英德红茶干茶

▲ 英德红茶茶汤

▲ 英德红茶叶底

品鉴关键词

| 外形 | 紧结秀丽

| 色泽 | 乌黑油润

| 香气 | 浓郁鲜纯

| 汤色 | 红浓明亮

| 滋味 | 浓烈甜润

| 叶底 | 柔软红亮

 小贴士

从第二泡开始，每次冲泡时间加 5 ～ 10 秒，出汤要快。也可用玻璃杯冲泡英德红茶，投茶量约为 3 克。

🌡 水温：90 ~ 95℃　🔄 工具：白瓷盖碗　🗒 茶叶克数：5 克　⚫ 茶水比例：1:50

1 | 将盖碗、公道杯、品茗杯用开水烫洗干净。

2 | 趁盖碗还热时快速放入茶叶，盖好盖，轻轻摇几下茶碗，揭盖闻香。

3 | 冲入适温的水至刚刚没过茶叶，开始洗茶，速度要快。

4 | 用洗茶的水润洗公道杯和品茗杯，再顺着杯沿往盖碗内注水至八分满。

5 | 用杯盖挡住茶叶，将茶汤通过茶滤倒入公道杯中。

6 | 将公道杯中的茶汤分入品茗杯至七分满，即可品饮。

红茶

政和工夫

产地
福建省南平市政和县

类别
工夫红茶

政和工夫茶为福建省三大工夫茶之一，亦为福建红茶中最具高山品种特色的条型茶，以大茶为主体，扬其毫多味浓之优点，又适当拼以高香之小茶，因此体态特别匀称，香味俱佳。

品鉴关键词

| 外形 | 条索肥壮
| 色泽 | 乌黑油润
| 香气 | 似紫罗兰
| 汤色 | 橙黄明亮
| 滋味 | 醇厚甘爽
| 叶底 | 红匀鲜亮

发酵类型 全发酵

功效亮点 帮助胃肠消化，促进食欲，利尿，消除水肿

冲泡难度 ★★★★☆

▲ 政和工夫干茶

▲ 政和工夫茶汤

▲ 政和工夫叶底

冲泡方法

🌡 水温：90 ~ 95℃　　🫖 工具：白瓷盖碗　　🍵 茶叶克数：5 克　　⚫ 茶水比例：1:50

1　将盖碗、公道杯、品茗杯用开水烫洗干净。

2　趁盖碗还热时快速放入茶叶，盖好盖，轻轻摇几下茶碗，揭盖闻香。

3　冲入适温的水至没过茶叶，盖上盖子，将茶汤滤入公道杯。

4　用公道杯中的茶汤烫洗品茗杯，再顺着杯沿往盖碗内注水至八分满。

5　迅速出汤，用杯盖挡住茶叶，将茶汤通过茶滤倒入公道杯中。

6　将公道杯中的茶汤分入品茗杯至七分满，即可品饮。

红茶

金丝红茶

产地 云南省高原地区

类别 工夫红茶

金丝红茶是滇红茶中最好的一种茶叶，又称金芽茶，生长在云南高原地区，叶大而有韧性，而且多含芽香油，是红茶之中带有独特香气的一种，滋味十分浓厚，香气十足，非常耐泡。

发酵类型 全发酵

功效亮点 消炎杀菌，利尿，提神醒脑，消除疲劳

冲泡难度 ★★★★☆

品鉴关键词

外形	条索紧结
色泽	乌润红褐
香气	馥郁清高
汤色	清澈透明
滋味	浓厚甘醇
叶底	粗大尚红

▲ 金丝红茶干茶

▲ 金丝红茶茶汤

▲ 金丝红茶叶底

冲泡方法

🌡 水温：85℃　　🫖 工具：白瓷盖碗　　🗃 茶叶克数：5 克　　⬤ 茶水比例：1:50

1 将盖碗、公道杯、品茗杯用开水烫洗干净。

2 趁盖碗还热时快速放入茶叶，盖好盖，轻轻摇几下茶碗，揭盖闻香。

3 待水温降至 85℃，避开茶叶，沿着盖碗边缘冲水至八分满，迅速将茶汤滤入公道杯。

4 立即揭开碗盖，避免闷茶，然后用公道杯中的茶汤烫洗品茗杯。

5 再次沿着盖碗边沿冲水至八分满，1 ~ 3 秒内将茶汤滤入公道杯中，并揭开碗盖。

6 将公道杯中的茶汤分入品茗杯至七分满，即可品饮。

红茶

宜红工夫

类别 工夫红茶

产地 湖北省鄂西山区的宜昌市、恩施市

识茶一句话

　　宜红工夫茶产于鄂西山区，至今已有百余年历史，早在茶圣陆羽的《茶经》之中便有相关的记载，其加工颇费工夫，茶汤香气甜纯，汤色红艳，还会出现高档红茶特有的"冷后浑"现象。

品鉴关键词

外形	紧细秀丽
色泽	乌黑显毫
香气	栗香悠远
汤色	红艳明亮
滋味	醇厚鲜爽
叶底	红亮柔软

发酵类型　　全发酵

功效亮点　　运动后适量饮用，可止渴生津、缓解疲劳

冲泡难度　　★★★★☆

▲ 宜红工夫干茶

▲ 宜红工夫茶汤

▲ 宜红工夫叶底

冲泡方法

🌡 水温：95℃　　🫖 工具：白瓷盖碗　　🗑 茶叶克数：5克　　⬤ 茶水比例：1:50

- -

1　将开水倒入盖碗中，然后将水倒入公道杯，接着倒入品茗杯中温杯。

2　趁盖碗还温热时，将干茶拨入盖碗中，盖上盖，轻轻摇动几下，揭盖闻香。

3　待水温降至 95℃，倒入盖碗中至八分满，然后将盖盖好。

4　将茶汤滤入公道杯中，再由公道杯倒入品茗杯中洗杯。

5　高提水壶，顺着杯沿往盖碗内注水至八分满，盖上盖泡 10～20 秒。

6　将茶汤滤入公道杯中，再分入品茗杯至七分满，即可品饮。

红茶

九曲红梅

产地：浙江省杭州市西湖区

类别：工夫红茶

品鉴关键词

外形	弯曲如钩
色泽	乌黑油润
香气	清如红梅
汤色	红艳明亮
滋味	醇厚爽口
叶底	红明嫩软

▲ 九曲红梅干茶

▲ 九曲红梅茶汤

▲ 九曲红梅叶底

冲泡方法

🌡 水温：80 ~ 90℃　　🫖 工具：小瓷壶　　🍵 茶叶克数：4 克　　⚫ 茶水比例：1:50

1　将开水倒入茶壶中，然后将水倒入公道杯中，接着倒入品茗杯中温杯。

2　趁茶壶还温热时，用茶匙将干茶拨入壶中。

3　待水温降至约 85℃，缓慢地向壶内低冲水，盖上壶盖，迅速将茶汤滤入公道杯中。

4　将公道杯中的茶汤分别倒入各品茗杯中，洗杯，并将水倒去。

5　再次向壶中缓慢注水至八分满，盖上壶盖，将茶汤滤入公道杯中。

6　将公道杯中的茶汤分入品茗杯，待温度稍凉时，可品饮到最佳口感。

乌龙茶

【乌龙茶的分类】

乌龙茶主要产于福建、广东、台湾，故按其产区分为闽北乌龙、闽南乌龙、广东乌龙、台湾乌龙四类。

闽北乌龙

产于福建省北部的武夷山一带，主要有武夷岩茶和闽北水仙。武夷岩茶是闽北乌龙茶中品质最佳的一种，花色品种较多，如武夷水仙、武夷奇种、大红袍、铁罗汉、白鸡冠、水金龟、肉桂等。

闽南乌龙

产于福建南部安溪、永春、南安、同安等地，以安溪产量居多，其中铁观音品质最佳，著名的还有黄金桂、闽南水仙、永春佛手等。此外，由不同茶树品种的鲜叶混合制成的称为"闽南色种"，本山、毛蟹、奇兰、梅占、桃仁、佛手、黄木炎等品种均可混入。

广东乌龙

主要产于广东省东部、北部和西部山区，以潮汕梅州和湛江地区为主。主要产品有凤凰水仙、凤凰单丛、岭头单丛、饶平色种、石古坪乌龙、大叶奇兰、兴宁奇兰等，以潮安的凤凰单丛和饶平的岭头单丛最为著名。

台湾乌龙

产于新北市文山区（原台北县文山），源于福建，因萎凋、做青程度不同，分为台湾乌龙与台湾包种两类。台湾乌龙萎凋、做青程度较重，汤色金黄明亮，滋味浓厚，有熟果香味，品种以冻顶乌龙最为有名；台湾包种萎凋、做青较轻，汤色金黄，味甜，香气轻柔，以文山包种茶最为有名。

乌龙茶的家庭冲泡法

1 准备茶具

准备好茶壶、茶杯、茶船等泡茶工具，并清洗干净。

2 投茶

投茶量要按照茶水 1:20 的比例投在茶壶中。

3 冲泡

将 100℃ 的沸水冲入茶壶中，到壶满即可，用壶盖将泡沫刮去，冲水时要用高冲，可以使茶叶迅速流动，茶味出得快；将盖子盖上，用开水浇茶壶。

4 斟茶

茶在泡过 10 ~ 15 秒之后，将茶汤滤入公道杯，再用公道杯斟茶。

5 品饮

小口慢饮，可以品味其"香、清、甘、活"的特点。

常见的几个问题

1. 关于淋壶

淋壶是用紫砂壶冲泡乌龙茶时常用的手法。乌龙茶不仅要以沸水冲泡，而且还要用沸水冲刷壶盖，进一步提高壶的温度，使茶香充分发挥出来。

2. 关于刮沫

用紫砂壶冲泡乌龙茶，一般要冲水至壶满，这时壶口会有泡沫，需用壶盖轻轻刮去泡沫，然后盖上盖子，再用开水浇淋壶体，洗净壶表，同时达到内外加温的目的。

3. 关于品茶

乌龙茶的每个品种都有特殊的香气、滋味。饮一口茶，含在口中，不急于咽下，让茶在舌中来回扩散；咽下后，感受茶在咽喉处留下的韵味。喝完第一杯茶后，可以一边回味，一边闻茶杯的余香。

4. 关于冲泡次数

乌龙茶有"七泡有余香"的说法，方法得当每壶可冲泡七次以上。第一泡适宜浸泡大约 15 秒钟，品饮后可再根据茶汤的浓淡，来确定出汤的最佳时间。从第四泡开始，每一次冲泡均应比前一泡延时 10 秒左右。

乌龙茶

武夷肉桂

类别 闽北乌龙

产地 福建省武夷山马头岩等地

武夷肉桂又名玉桂，由于香气似桂皮，故习惯上称"肉桂"，它除了具有岩茶的滋味特色外，更以其香气辛锐持久的特点备受人们的喜爱，有"香不过肉桂，醇不过水仙"的说法。

发酵类型	半发酵

功效亮点	暖脾胃，散寒止痛，下气解酒，有助于消化

冲泡难度	★ ★ ★ ★ ☆

▲ 武夷肉桂干茶

▲ 武夷肉桂茶汤

▲ 武夷肉桂叶底

品鉴关键词

| 外形 | 匀整壮实

| 色泽 | 乌褐油亮

| 香气 | 具桂皮香

| 汤色 | 橙红明亮

| 滋味 | 醇厚回甘

| 叶底 | 绿叶红边

 小贴士

肉桂前三泡即冲即出汤，以后每一泡增加5秒的坐杯时间，品质好的肉桂可以冲泡8～12泡。

🌡 水温：100℃　🫖 工具：白瓷盖碗　🍵 茶叶克数：7 克　⚫ 茶水比例：1:20

1 | 将水烧至滚开，倒入盖碗中，再倒入公道杯，接着倒入品茗杯中温杯。

2 | 用茶匙将干茶拨入盖碗中，盖上盖，端起盖碗轻轻摇动几下，揭盖闻香。

3 | 右手提壶冲入沸水至满，左手用杯盖刮沫，然后盖上盖。

4 | 迅速将第一遍茶汤倒去，洗去茶叶上的浮尘。

5 | 由低到高冲入沸水，让茶叶在杯中翻动，盖上杯盖。

6 | 将茶汤滤入公道杯，再分入品茗杯至七分满，闻茶香，观茶汤，分三口饮。

乌龙茶

武夷水仙

类别
闽北乌龙

产地
福建省武夷山天心
岩茶村

识茶一句话

　　武夷水仙，又称闽北水仙，其鲜茶采摘自武夷山的"水仙"茶树品种，采用"开面采"，即当茶树顶芽开展时，只采三、四叶，而保留一叶，成茶最大的特点就是茶汤滋味醇厚。

发酵类型　半发酵

功效亮点　提神醒脑，防治高血压、动脉硬化和冠心病

冲泡难度　★★★★☆

▲ 武夷水仙干茶

▲ 武夷水仙茶汤

▲ 武夷水仙叶底

品鉴关键词

| 外形 | 紧结沉重

| 色泽 | 乌褐油润

| 香气 | 清香浓郁

| 汤色 | 清澈橙黄

| 滋味 | 醇浓甘爽

| 叶底 | 肥软黄亮

 小贴士

　　武夷水仙第一泡出汤要快，以后每一泡可顺延 10 ~ 20 秒，一般可以冲泡 12 ~ 15 泡。

🌡 水温：100℃　🍵 工具：白瓷盖碗　🍃 茶叶克数：7 克　⚫ 茶水比例：1:20

1 将水烧至滚开，倒入盖碗中，再倒入公道杯，接着倒入品茗杯中温杯。

2 用茶匙将干茶拨入盖碗中，盖上盖，端起盖碗摇动几下，揭盖闻香。

3 右手提壶冲入沸水至满，左手用杯盖刮沫，然后盖上盖，迅速将茶汤倒去。

4 从一侧慢慢由低到高冲入沸水，让茶叶在杯中翻动，然后盖上杯盖。

5 5～10 秒后，将茶汤滤入公道杯，再分入各品茗杯至七分满。

6 闻其香，观其色，细细品味水仙岩茶的茶香韵味。

乌龙茶

大红袍

类别 闽北乌龙

产地 福建省武夷山「三坑两涧」

大红袍又叫武夷岩茶，因早春茶芽萌发时，远望通树艳红似火，如同红袍披树，故而得名，有"茶中状元"之美誉，乃岩茶之王，堪称国宝，成品茶香气浓郁，滋味醇厚，有明显"岩韵"特征。

发酵类型 半发酵

功效亮点 迅速消除疲劳，令人神清气爽、精神振奋

冲泡难度 ★★★★☆

▲ 大红袍干茶

▲ 大红袍茶汤

▲ 大红袍叶底

品鉴关键词

| 外形 | 条索紧结
| 色泽 | 绿褐鲜润
| 香气 | 香高持久
| 汤色 | 橙黄明亮
| 滋味 | 醇厚甘鲜
| 叶底 | 软亮红边

 小贴士

正宗大红袍通常可泡八泡左右，超过八泡更优，有"七泡八泡有余香，九泡十泡余味存"的说法。

🌡 水温：100℃　🫖 工具：紫砂壶　🍵 茶叶克数：8 克　⚫ 茶水比例：1:20

1 将水烧至滚开，依次倒入紫砂壶、品茗杯，然后用"狮子滚绣球"法洗杯。

2 打开壶盖，将茶漏放置于壶口上，然后用茶匙将干茶拨入壶中。

3 右手快速高冲水至满，左手用壶盖刮去壶口的泡沫，然后盖上壶盖。

4 用沸水冲淋整个壶身，冲去泡沫，同时提高壶内温度，激发茶香。

5 将茶汤倒入品茗杯中，将壶内的水淋尽，用此次茶汤洗杯，将水倒掉。

6 冲入沸水，出汤，分茶，将杯底的水用茶巾擦干，放在杯托上端给客人。

乌龙茶

铁罗汉

类别
闽北乌龙

产地
福建省武夷山慧苑岩之内鬼洞（亦称峰窠坑）

识茶一句话

铁罗汉树生长在武夷山的岩缝之中，所产的铁罗汉茶是武夷历史最早的名丛，也是武夷传统四大珍贵名丛之一，冲泡后香气馥郁，有兰花香，岩韵明显，叶片有绿叶红镶边之美感。

品鉴关键词

外形	壮结匀整
色泽	绿褐鲜润
香气	香高持久
汤色	深橙黄色
滋味	醇厚甘鲜
叶底	软亮微红

发酵类型　半发酵

功效亮点　提神解乏，消脂解腻，预防龋齿，消除口臭

冲泡难度　★★★☆☆

▲ 铁罗汉干茶

▲ 铁罗汉茶汤

▲ 铁罗汉叶底

冲泡方法

🌡 水温：100℃　　🕐 工具：紫砂壶　　🫖 茶叶克数：8 克　　⚫ 茶水比例：1:20

1　将水烧至滚开，倒入紫砂壶中温壶，然后将水倒入品茗杯中洗杯。

2　打开壶盖，将茶漏放置于壶口上，用茶匙将干茶拨入壶中。

3　右手快速高冲水至满，左手用壶盖刮去壶口的泡沫，然后盖上壶盖。

4　将茶汤倒入品茗杯中，将壶内的水淋尽，用茶汤洗杯，然后将水倒掉。

5　再次冲入沸水至八分满，盖上盖，泡 10 ~ 15 秒。

6　将茶汤滤入公道杯，再分入品茗杯中，品尝铁罗汉清纯中带醇厚的滋味。

乌龙茶

白鸡冠

产地
福建省武夷山慧苑岩之外鬼洞和武夷山公祠后山

类别
闽北乌龙

发酵类型　半发酵

功效亮点　行气通脉，发汗解表，祛除湿气，消除疲劳

冲泡难度　★★★☆☆

品鉴关键词

| 外形 | 条索卷曲
| 色泽 | 浅黄褐色
| 香气 | 香气清锐
| 汤色 | 橙黄明亮
| 滋味 | 醇厚回甘
| 叶底 | 薄软明亮

▲ 白鸡冠干茶

▲ 白鸡冠茶汤

▲ 白鸡冠叶底

冲泡方法

🌡 水温：100℃　　🫖 工具：紫砂壶　　🍵 茶叶克数：8 克　　⚫ 茶水比例：1:20

1　将水烧至滚开，倒入紫砂壶中温壶，然后将水倒入品茗杯中洗杯。

2　打开壶盖，将茶漏放置于壶口上，用茶匙将干茶拨入壶中。

3　右手快速高冲水至满，左手用壶盖刮去壶口的泡沫，然后盖上壶盖。

4　将茶汤倒入品茗杯中，将壶内的水淋尽，用茶汤洗杯，然后将水倒掉。

5　再次冲入沸水至八分满，盖上盖，泡 10 ～ 15 秒。

6　将茶汤滤入公道杯，再分入品茗杯中，品尝茶汤鲜爽、甘活的滋味。

乌龙茶

水金龟

产地
福建省武夷山牛栏坑
杜葛寨峰下的半崖上

类别
闽北乌龙

水金龟茶扬名于清末，有铁观音之甘醇，又有绿茶之清香，具鲜活、甘醇、清雅与芳香等特色，香气浓郁似腊梅花香，为武夷岩茶"四大名丛"之一，产量不多，是茶中珍品。

发酵类型　半发酵

功效亮点　增进思维，消除疲劳，促进脂肪的代谢

冲泡难度　★★★☆☆

品鉴关键词

| 外形 | 紧结弯曲
| 色泽 | 褐绿润亮
| 香气 | 似腊梅花
| 汤色 | 橙红明亮
| 滋味 | 醇厚甘爽
| 叶底 | 绿润软亮

▲ 水金龟干茶

▲ 水金龟茶汤

▲ 水金龟叶底

冲泡方法

🌡️ 水温：100℃　🫖 工具：紫砂壶　🍵 茶叶克数：8 克　⚫ 茶水比例：1:20

1　将水烧至滚开，倒入紫砂壶中温壶，然后将水倒入品茗杯中洗杯。

2　打开壶盖，将茶漏放置于壶口上，用茶匙将干茶拨入壶中。

3　右手快速高冲水至满，左手用壶盖刮去壶口的泡沫，然后盖上壶盖。

4　将茶汤倒入品茗杯中，将壶内的水淋尽，用茶汤洗杯，然后将水倒掉。

5　再次冲入沸水至八分满，盖上盖，泡 10 ~ 15 秒。

6　将茶汤滤入公道杯，再分入品茗杯中，品味其独特的"岩韵"。

乌龙茶

黄金桂

产地 福建省泉州市安溪县虎邱镇

类别 闽南乌龙

黄金桂又名黄旦，是乌龙茶中风格有别于铁观音的又一极品，素有"未尝清甘味，先闻透天香"的美誉，因其汤色金黄，有奇香似桂花，故名黄金桂，具发芽早、采制早、上市早的特点。

发酵类型 半发酵

功效亮点 抗动脉硬化，防治糖尿病，减肥健美

冲泡难度 ★★★★☆

品鉴关键词

| 外形 | 紧结卷曲
| 色泽 | 黄绿油润
| 香气 | 带桂花香
| 汤色 | 金黄明亮
| 滋味 | 清醇鲜爽
| 叶底 | 柔软明亮

▲ 黄金桂干茶

▲ 黄金桂茶汤

▲ 黄金桂叶底

冲泡方法

🌡 水温：100℃　🫖 工具：白瓷盖碗　🍵 茶叶克数：7克　⚫ 茶水比例：1:20

1 将水烧至滚开，倒入盖碗中，然后将水倒入公道杯，接着倒入品茗杯中温杯。

2 用茶匙将干茶拨入盖碗中，盖上盖，拿起盖碗轻轻摇动几下，揭盖闻香。

3 右手快速注水至满，左手用碗盖刮去茶汤上的泡沫，然后盖上杯盖。

4 迅速将茶汤滤入公道杯中，再从公道杯中倒入品茗杯中洗杯。

5 再次冲入沸水，盖上杯盖，浸泡 10 ～ 15 秒。

6 将茶汤滤入公道杯中，再分入品茗杯至七分满，即可品饮。

乌龙茶

安溪铁观音

产地 | 福建省泉州市安溪县

类别 | 闽南乌龙

识茶一句话

安溪铁观音为乌龙茶中的珍品，色泽乌黑油润，砂绿明显，整体形状似"蜻蜓头、螺旋体、青蛙腿"，七泡而仍有余香，俗称有"音韵"，因叶似观音、沉重如铁而被乾隆赐名"铁观音"。

发酵类型 | 半发酵

功效亮点 | 清热降火，减肥降脂，抗衰老，抗癌

冲泡难度 | ★★★★☆

▲ 安溪铁观音干茶

▲ 安溪铁观音茶汤

▲ 安溪铁观音叶底

品鉴关键词

|外形| 肥壮圆结

|色泽| 砂绿油润

|香气| 馥郁持久

|汤色| 金黄浓稠

|滋味| 醇厚甘鲜

|叶底| 肥厚软亮

 小贴士

铁观音一定要保存在温度低的环境里，最好是保存在冰箱里，这样可以保证其口感。

🌡 水温：100℃　🔄 工具：白瓷盖碗　🫖 茶叶克数：7克　⬤ 茶水比例：1:20

1 将水烧开，倒入盖碗中，然后将水倒入公道杯，接着倒入品茗杯中温杯。

2 用茶匙将干茶拨入盖碗中，盖上盖，拿起盖碗轻轻摇动几下，揭盖闻香。

3 快速注水至满，用碗盖刮去茶汤上的泡沫，盖上杯盖。

4 迅速将茶汤滤入公道杯中，再从公道杯中倒入品茗杯中洗杯。

5 再次冲入沸水，盖上杯盖，浸泡10～15秒。

6 将茶汤滤入公道杯中，再分入品茗杯至七分满，即可端起品饮。

手机扫二维码
与视频同步做

乌龙茶

永春佛手

类别 闽南乌龙

产地 福建省泉州市永春县

永春佛手又名香橼、雪梨，因其形似佛手、名贵胜金，又称"金佛手"，是乌龙茶类中风味独特的名贵品种之一，产于闽南著名侨乡永春县，主要品种有红芽佛手茶和绿芽佛手茶，以红芽为佳。

发酵类型	半发酵

功效亮点	降血脂，软化血管，可缓解结肠炎、胃炎

冲泡难度	★★★★☆

▲ 永春佛手干茶

▲ 永春佛手茶汤

▲ 永春佛手叶底

品鉴关键词

|外形| 卷曲圆结

|色泽| 乌润砂绿

|香气| 馥郁悠长

|汤色| 金黄明亮

|滋味| 甘厚鲜醇

|叶底| 肥厚软亮

 小贴士

用盖碗泡永春佛手，每一泡出汤之后，可以掀开杯盖，闻一下杯盖上香气逐渐变化的过程。

🌡 水温：100℃　🕐 工具：白瓷盖碗　📦 茶叶克数：5 克　● 茶水比例：1:30

1 ｜ 将水烧开，倒入盖碗中，然后将水倒入公道杯，接着倒入品茗杯中温杯。

2 ｜ 用茶匙将干茶拨入盖碗中。

3 ｜ 快速注水至满，然后盖上杯盖。

4 ｜ 迅速将茶汤滤入公道杯中，再从公道杯中倒入品茗杯中洗杯。

5 ｜ 高冲入沸水，盖上杯盖，泡 15 ~ 20 秒出汤。

6 ｜ 将公道杯中的茶汤分入品茗杯至七分满，即可端起品饮。

手机扫二维码
与视频同步做

乌龙茶

凤凰单丛

类别 广东乌龙

产地 广东省潮州市潮安县凤凰镇凤凰山

识茶一句话

　　凤凰单丛为历史名茶，为凤凰水仙种的优异单株，因单株采收、单株制作，故称单丛，以茶叶在冲泡时散发出浓郁的天然花香而闻名，在滋味上具有独特的"山韵"，使其区别于其他产地单丛茶。

发酵类型 半发酵

功效亮点 提神益思，帮助消化，延年益寿

冲泡难度 ★★★★☆

▲ 凤凰单丛干茶

▲ 凤凰单丛茶汤

▲ 凤凰单丛叶底

品鉴关键词

外形	匀整挺直
色泽	乌润油亮
香气	浓郁持久
汤色	橙黄明亮
滋味	浓厚甘爽
叶底	绿腹红边

 小贴士

　　若为清香型茶，冲水不需满，高冲快出，一泡 5 秒出汤，二至五泡 10 秒出汤，六泡以后适当延长出汤时间。

🌡 水温：100℃　🫖 工具：紫砂壶　📦 茶叶克数：8 克　⚫ 茶水比例：1:20

1 将水烧至滚开，倒入茶壶中并冲淋壶身，然后将水倒入品茗杯中温杯。

2 打开壶盖，将茶漏放置于壶口上，用茶匙将干茶轻轻拨入壶中。

3 右手冲入沸水至满，左手用壶盖刮沫，盖上盖，用沸水冲淋整个壶身。

4 将茶汤倒入品茗杯中，将壶内的水淋尽，接着用手洗杯。

5 开盖，上下提拉冲入沸水至满，盖上杯盖，淋壶，泡10秒钟。

6 将茶汤斟入品茗杯中，杯底的水用茶巾擦干，放在杯托上端给客人。

乌龙茶

凤凰水仙

产地：广东省潮州市潮安县凤凰镇凤凰山

类别：广东乌龙

凤凰水仙原产于广东省潮安县凤凰山区，迄今已有 900 余年历史，由于选用原料优次和制作精细程度的不同，按成品品质依次分为凤凰单丛、凤凰浪菜和凤凰水仙三个品级。

发酵类型　半发酵

功效亮点　降低血压，抗氧化，延缓衰老，防癌抗癌

冲泡难度　★★★★☆

品鉴关键词

|外形| 紧结肥壮
|色泽| 青褐乌润
|香气| 天然花香
|汤色| 清澈黄亮
|滋味| 浓厚甘醇
|叶底| 肥厚柔软

▲ 凤凰水仙干茶

▲ 凤凰水仙茶汤

▲ 凤凰水仙叶底

冲泡方法

🌡 **水温**：100℃　　🫖 **工具**：紫砂壶　　📦 **茶叶克数**：8 克　　⚫ **茶水比例**：1:20

1　将水烧至滚开，倒入茶壶中并冲淋壶身，然后将水倒入品茗杯中温杯。

2　打开壶盖，将茶漏放置于壶口上，用茶匙将干茶拨入壶中。

3　右手冲入沸水至满，左手用壶盖刮沫，盖上盖，用沸水冲淋整个壶身。

4　将茶汤倒入品茗杯中，将壶内的水淋尽，用茶汤洗杯，弃水。

5　开盖，再次冲入沸水至满，盖上杯盖，淋壶，泡 10 ~ 15 秒钟。

6　将茶汤斟入品茗杯中，杯底的水用茶巾擦干，并放在杯托上端给客人品饮。

乌龙茶

台湾高山茶

产地 台湾五大山脉

类别 台湾乌龙

台湾高山茶是指海拔 1000 米以上茶园所产制的半球型包种茶，高山气候冷凉，早晚云雾笼罩，平均日照短，使茶树芽叶中苦涩成分降低，甘味成分含量提高，芽叶柔软，叶肉厚。

发酵类型　半发酵

功效亮点　提神醒脑，促进脂肪代谢，降低血压，解酒

冲泡难度　★★★★☆

品鉴关键词

| 外形 | 呈半球形
| 色泽 | 砂绿有光
| 香气 | 清香优雅
| 汤色 | 橙黄清澈
| 滋味 | 甘醇鲜美
| 叶底 | 绿底红边

▲ 台湾高山茶干茶

▲ 台湾高山茶茶汤

▲ 台湾高山茶叶底

冲泡方法

🌡 **水温：** 100℃　🔄 **工具：** 小瓷壶　📋 **茶叶克数：** 5 克　⬤ **茶水比例：** 1:30

1　将水烧至滚开，倒入小瓷壶中，然后将水倒入公道杯，接着倒入品茗杯中温杯。

2　用茶匙将干茶拨入壶中，注水至满，用盖刮去茶汤上的泡沫。

3　盖上杯盖，迅速将茶汤滤入公道杯中，再倒入品茗杯中洗杯。

4　再次冲入沸水至八分满，盖上壶盖，浸泡 20 ~ 30 秒。

5　将茶汤滤入公道杯中，再分入品茗杯至七分满即可品饮。

6　以后每泡的出汤时间可延长 5 秒。

乌龙茶

台湾人参乌龙

 产地 台湾省

 类别 台湾乌龙

【识茶一句话】

台湾人参乌龙又叫"兰贵人"，是由乌龙茶与西洋参加工制作而成，既具备了乌龙茶的醇厚甘甜，又有西洋参的滋润和补性，是不可多得的珍贵药茶，香气清淡甘香，饮后舌底生津。

【发酵类型】 半发酵

【功效亮点】 提神醒脑、滋补强身，适合上班族、老年人

【冲泡难度】 ★★★★☆

▲ 台湾人参乌龙干茶

▲ 台湾人参乌龙茶汤

▲ 台湾人参乌龙叶底

【品鉴关键词】

|外形| 均匀圆润

|色泽| 光润鲜绿

|香气| 兰香清幽

|汤色| 橙黄明亮

|滋味| 醇厚甘润

|叶底| 嫩绿微红

 小贴士

人参乌龙茶的陈茶不好用肉眼鉴别，有一个简便的方法，即冲泡时叶底散开越快相对来说茶质越优。

🌡️ 水温：95℃　🕐 工具：紫砂壶　📦 茶叶克数：5 克　⚫ 茶水比例：1:30

1 将水烧至滚开，倒入紫砂壶中，然后将水倒入品茗杯中，将其烫洗干净。

2 打开壶盖，用茶匙将干茶轻轻拨入茶壶中。

3 把水壶提高一点位置冲水到壶中，使茶叶翻滚，刮沫，盖上杯盖，淋壶。

4 将茶汤倒入品茗杯中，将壶内的茶汤淋净，用手洗杯后将水倒掉。

5 再次高冲入水，盖上杯盖，浸泡约20秒。

6 将茶汤斟入品茗杯，杯底的水用茶巾擦干，放在杯托上端给客人。

手机扫二维码
与视频同步做

乌龙茶

金萱乌龙

类别 台湾乌龙

产地 台湾南投县竹山镇

识茶一句话

　　金萱乌龙又名台茶 12 号，是以金萱茶树采制的半球形包种茶，具有桂花香和奶香味，故又名"奶香金萱"，产于台湾高海拔山脉，常年云雾缭绕，为乌龙茶生长之最佳环境。

发酵类型　　半发酵

功效亮点　　改善皮肤过敏，美容养颜，瘦身，预防老化

冲泡难度　　★★★★☆

品鉴关键词

外形	紧结沉重
色泽	砂绿有光
香气	奶香明显
汤色	蜜黄明亮
滋味	浓醇爽口
叶底	绿底红边

▲ 金萱乌龙干茶

▲ 金萱乌龙茶汤

▲ 金萱乌龙叶底

冲泡方法

🌡️ 水温：100℃　　⏲️ 工具：白瓷盖碗　　🍵 茶叶克数：5 克　　⚫ 茶水比例：1:30

1　将水烧至滚开，倒入盖碗中，然后将水倒入公道杯，接着倒入品茗杯中温杯。

2　用茶匙将干茶拨入盖碗中，盖上盖，拿起盖碗轻轻摇动几下，揭盖闻香。

3　快速注水至满，用碗盖刮去茶汤上的泡沫，然后盖上杯盖。

4　迅速将茶汤滤入公道杯中，再从公道杯中倒入品茗杯中洗杯。

5　再次冲入沸水，盖上杯盖，浸泡 5 ~ 10 秒。

6　将茶汤滤入公道杯中，再分入品茗杯至七分满，即可品饮。

乌龙茶

文山包种茶

产地 台湾台北市文山区

类别 台湾乌龙

文山包种茶又称"清茶"，因产于文山地区得名，是由台湾乌龙茶种轻度半发酵的清香型绿色乌龙茶，素有"露凝香""雾凝春"的美誉，并以"香、浓、醇、韵、美"五大特色而闻名于世。

发酵类型 半发酵

功效亮点 强心，利尿，消除疲劳，解烟酒毒，降低血脂

冲泡难度 ★★★★☆

品鉴关键词

| 外形 | 紧结卷曲
| 色泽 | 乌褐或绿
| 香气 | 似兰花香
| 汤色 | 橙红明亮
| 滋味 | 甘醇鲜爽
| 叶底 | 红褐油亮

▲ 文山包种茶干茶

▲ 文山包种茶茶汤

▲ 文山包种茶叶底

冲泡方法

🌡 水温：90℃　🫖 工具：白瓷盖碗　🍃 茶叶克数：5 克　● 茶水比例：1:30

1　将水烧至滚开，倒入盖碗中，然后将水倒入公道杯，接着倒入品茗杯中温杯。

2　用茶匙将干茶拨入盖碗中，盖上盖，拿起盖碗轻轻摇动几下，揭盖闻香。

3　待水温降至约 90℃，注水至八分满，然后盖上杯盖。

4　将茶汤滤入公道杯中，再从公道杯中倒入品茗杯中洗杯。

5　再次冲水至八分满，盖上杯盖，浸泡 15～20 秒。

6　将茶汤滤入公道杯中，再分入品茗杯至七分满，即可品饮。

黑茶

　　黑茶产区广，花色品种多，根据产区和制作工艺的不同，一般可分为湖南黑茶、湖北老青茶、四川边茶、滇桂黑茶四类。

湖南黑茶

　　过去湖南黑茶集中在安化生产，现今产区已扩大到桃江、沅江、汉寿、宁乡、益阳和临湘等地，以安化黑茶最为著名。湖南黑茶分为四个级，高档茶较细嫩，低档茶较粗老。高档茶无粗涩味，香味醇厚，带松烟香，汤色橙黄，叶底黄褐。

湖北老青茶

　　别称青砖茶，又称川字茶，主要产于湖北省内蒲圻、咸宁、通山、崇阳、通城等地，以蒲圻老青茶最为著名。湖北老青茶的制造分面茶和里茶两种，面茶较精细，里茶较粗放。根据品质的不同，湖北老青茶一般分成洒面、二面、里茶三个等级。

四川边茶

　　四川边茶因销路不同，分为南路边茶和西路边茶。南路边茶又称南边茶，依枝叶加工方法不同，有毛庄茶和做庄茶之分，成品经整理之后压制成康砖和金尖两个花色。西路边茶又称西边茶，枝叶较南路边茶更为粗老，其成品茶有茯砖和方包两个花色。

滇桂黑茶

　　滇桂黑茶是云南和广西黑茶的统称，属于特种黑茶。云南黑茶代表品种为普洱茶，广西黑茶代表品种为六堡茶。普洱茶主要产于云南省的西双版纳、临沧、普洱等地区，茶汤橙黄浓厚，香气高锐持久，香型独特，滋味浓醇，经久耐泡。六堡茶产于广西省梧州市苍梧县，其品质素以"红、浓、醇、陈"四绝而著称。

黑茶的家庭冲泡法

1 选择茶具

　　一般来说，冲泡黑茶要用腹大的陶壶或紫砂壶，由于黑茶味道醇厚，这样可以避免茶泡得过浓。

2 投茶

　　在冲泡时，茶叶分量约占壶身的 1/5。

3 冲泡

　　第一泡洗茶，开水冲入后随即倒出来，湿润浸泡即可；第二泡时，冲入滚烫的开水，立即倒出茶汤来品尝。为中和茶性，可将第二、第三泡的茶汤混着喝。第五泡以后，每增加一泡浸泡时间增加5~10秒钟，以此类推。

4 品饮

　　黑茶是一种以味道带动香气的茶，香气藏在味道里，感觉较沉。

常见的几个问题

1. 关于撬茶

　　砖茶、饼茶、沱茶在冲泡时，要先用茶刀、茶锥撬开。从侧面沿边缘插入，向上用力，顺着茶叶地间隙，一层一层地撬开。将撬开的茶置放约2周后再冲泡，味道会更香。

2. 关于存茶

　　黑茶的发酵方式比较特殊，可以在外源微生物的作用下进行后发酵，其他茶都忌久存，而黑茶只要存放得当，其品质可不断得到升华，但存放环境一定要通风、阴凉、无异味、湿度适宜。存放五年以上，滋味会更醇和甘甜。

3. 关于普洱茶

　　普洱茶是以云南大叶种晒青绿毛茶为原料加工而成的散茶或紧压茶，其中普洱熟茶还需经过后发酵（渥堆），滋味更醇厚，越陈越香。

4. 关于冲泡次数

　　黑茶具有耐泡的特性，一般可以续冲10次以上。泡茶时，一定要用100℃的沸水，才能将黑茶的茶味完全泡出。由于黑茶的叶底舒展较慢，一般泡到第三、第四泡时，才能喝到最佳滋味。

黑茶

普洱茶砖

类别
普洱熟茶

产地
云南省普洱县

普洱茶砖产于云南，精选当地乔木型古茶树的鲜嫩芽叶为原料，以传统工艺制作而成，经蒸压成型，但成型方式有所不同，如黑砖、花砖是用机压成型的，康砖茶则是用棍锤筑造成型的。

| 发酵类型 | 后发酵 |

| 功效亮点 | 性温和，加速身体内脂肪、毒素的消解和转化 |

| 冲泡难度 | ★★★★☆ |

▲ 普洱茶砖干茶

▲ 普洱茶砖茶汤

▲ 普洱茶砖叶底

品鉴关键词

|外形| 端正均匀

|色泽| 黑褐油润

|香气| 陈香浓郁

|汤色| 红浓清澈

|滋味| 醇厚浓香

|叶底| 肥软红褐

 小贴士

第一至第四泡即入即出，第五泡开始，每泡逐次增加 5 ~ 10 秒闷泡时间，九泡之后可增加至一分钟。

🌡 水温：90 ~ 95℃　　🫖 工具：紫砂壶　　🍵 茶叶克数：7 克　　⚫ 茶水比例：1:40

1 | 沿着茶砖的边缘，将茶锥插入，撬开茶砖，取适量茶放入茶荷，备用。

2 | 将沸水倒入紫砂壶中，温壶后将水倒入公道杯中，再倒入品茗杯中温杯。

3 | 用茶匙将茶拨至茶壶中，茶量大约为壶的五分之一（或7 克）。

4 | 水柱避开茶，高冲入茶壶，盖上盖，淋壶，将水倒掉，洗茶 2 ~ 3 次。

5 | 将水壶放低冲水，定点注水，盖上壶盖，用沸水淋壶身以提高壶内温度。

6 | 即刻出汤，将公道杯中的茶汤分入品茗杯中品饮，感受茶汤的醇厚顺滑。

手机扫二维码
与视频同步做

黑茶

布朗生茶

类别 普洱生茶

产地 云南省境内多地

布朗生茶是云南出产的黑茶中较为有名的一种。布朗生茶轻嗅起来似乎带有浓重的麦香味，外形呈茶饼状，饼香悠远怡人，条索硕大而不似一般茶饼、茶砖，是通过收采最嫩芽叶纯手工制作而成。此茶微显毫，尝起来茶味清甜。

发酵类型	后发酵
功效亮点	性偏凉，促进新陈代谢，降低血脂、血糖
冲泡难度	★★★★☆

▲ 布朗生茶干茶

▲ 布朗生茶茶汤

▲ 布朗生茶叶底

品鉴关键词

| 外形 | 条索肥硕
| 色泽 | 嫩绿油润
| 香气 | 略有蜜香
| 汤色 | 金黄透亮
| 滋味 | 细腻厚重
| 叶底 | 柔软匀称

小贴士

普洱生茶没有经过渥堆发酵，洗茶一次即可（熟茶可洗2～3次），冲泡生茶的水温也要比熟茶略低。

🌡 水温：85 ～ 90℃　🔧 工具：白瓷盖碗　🫖 茶叶克数：6 克　⚫ 茶水比例：1:45

1 沿着茶饼的边缘插入茶刀，撬开茶饼，用手剥取适量茶叶放入茶荷中，备用。

2 将沸水倒入盖碗中，然后从盖碗倒入公道杯中，再倒入品茗杯中温杯。

3 赏完干茶，用茶匙将茶叶拨入盖碗，沿着盖碗边沿，避开茶叶，细水高冲。

4 用杯盖拦住茶叶，将茶汤滤入公道杯，再倒入品茗杯洗杯，弃水。

5 再次沿着盖碗边沿，细水高冲，水柱避开茶叶，盖上杯盖，泡约 10 秒。

6 将茶汤滤入公道杯中，再分入品茗杯至七分满，即可端起品饮。

手机扫二维码
与视频同步做

黑茶

下关沱茶

类别 普洱生茶

产地 云南省大理市下关茶厂

识茶一句话

　　下关沱茶是一种圆锥窝头状的紧压普洱茶，"下关"是产地，"沱茶"是形状，由思茅地区景谷县的"姑娘茶"演变而成，选用云南省30多个县出产的名茶为原料，经过数道工序精制而成。

发酵类型 后发酵

功效亮点 减肥，降低体内胆固醇，中和体内酸性物质

冲泡难度 ★★☆☆☆

▲ 下关沱茶干茶

▲ 下关沱茶茶汤

▲ 下关沱茶叶底

品鉴关键词

|外形| 形如碗状

|色泽| 乌润显毫

|香气| 清纯馥郁

|汤色| 橙黄明亮

|滋味| 醇爽回甘

|叶底| 嫩匀明亮

 小贴士

　　下关茶味道浓，因沱茶撬出来的茶形一般较散，因此投茶量不宜过多，以免茶味过浓。

🌡️ 水温：85 ~ 90℃　🫖 工具：白瓷盖碗　📦 茶叶克数：5 克　⚫ 茶水比例：1:50

1 沿着沱茶的边缘插入茶锥，稍用力撬开沱茶，取适量茶叶放入茶荷中。

2 将沸水倒入盖碗中，然后从盖碗倒入公道杯中，再倒入品茗杯中温杯。

3 用茶匙将茶叶拨入盖碗中，沿着盖碗边沿，避开茶叶，细水高冲。

4 用杯盖刮去茶沫，拦住茶叶，将茶汤滤入公道杯，再倒入品茗杯洗杯。

5 再次沿着盖碗边沿，细水高冲，水柱避开茶叶，盖上杯盖。

6 即刻将茶汤滤入公道杯中，再分入品茗杯至七分满，即可品饮。

手机扫二维码
与视频同步做

黑茶

普洱小沱茶

类别 普洱熟茶

产地 云南省大理市下关茶厂

识茶一句话

普洱小沱茶原产于云南景谷县，个头较小，形状像一个压缩了的燕窝，属于普洱熟茶，由于小巧玲珑，方便携带，一次冲泡一粒，无需撬开，泡开后色泽醇如红酒，因此深受大众的喜爱。

发酵类型 后发酵

功效亮点 提神醒脑、去脂减肥、消食健胃、预防便秘

冲泡难度 ★ ★ ★ ☆ ☆

▲ 普洱小沱茶干茶

▲ 普洱小沱茶茶汤

▲ 普洱小沱茶叶底

品鉴关键词

| 外形 | 呈碗臼状
| 色泽 | 褐红油润
| 香气 | 独特陈香
| 汤色 | 红浓明亮
| 滋味 | 醇和顺滑
| 叶底 | 深猪肝色

 小贴士

普洱小沱茶不可用普通玻璃杯闷泡，如果在办公室冲泡，可以使用飘逸杯，它具有双层滤水功能。

🌡 水温：100℃　🕐 工具：白瓷盖碗　📦 茶叶克数：1 粒小沱　⬤ 茶水比例：1:40

1 将沸水倒入盖碗中，然后从盖碗倒入公道杯中，再倒入品茗杯中温杯。

2 拆开小沱茶的包装，放入盖碗，使有窝的一面向上。

3 对着小沱茶，沸水猛冲下去，盖上杯盖，静置约 20 秒，使茶叶充分浸润。

4 将茶汤弃去，洗茶 2 ~ 3 次，将最后一次茶汤倒入公道杯中，然后洗杯。

5 再次冲入沸水，使茶叶充分散开，盖上杯盖。

6 约 10 秒后，将茶汤滤入公道杯，再分入品茗杯中，即可品饮。

手机扫二维码
与视频同步做

黑茶

宫廷普洱

产地 云南昆明、西双版纳傣族自治州

类别 普洱熟茶

识茶一句话

宫廷普洱是古代专门进贡给皇族享用的茶，在旧时是一种身份的象征，是普洱中的特级茶品，称得上是茶中的名门贵族，选取二月份上等野生大叶乔木芽尖中极细且微白的芽蕊，经过多道工序制成。

发酵类型 后发酵

功效亮点 解油腻，帮助消化，防止便秘，清除毒素

冲泡难度 ★★★☆☆

▲ 宫廷普洱干茶

▲ 宫廷普洱茶汤

▲ 宫廷普洱叶底

品鉴关键词

| 外形 | 紧秀匀整
| 色泽 | 褐红油润
| 香气 | 陈香馥郁
| 汤色 | 褐红明亮
| 滋味 | 浓醇爽口
| 叶底 | 呈猪肝色

小贴士

冲泡宫廷普洱，前五泡均快速出汤，第六泡开始可以闷泡30秒，之后每次增加5秒。

🌡 水温：95～100℃　🍵 工具：紫砂壶　🫖 茶叶克数：7克　⚫ 茶水比例：1:40

1 | 将沸水倒入紫砂壶中，温壶后将水倒入公道杯中，再倒入品茗杯中温杯。

2 | 趁着壶尚温热，用茶匙将茶叶拨入茶壶中。

3 | 将沸水冲水入茶壶中，盖上壶盖，继续以沸水冲淋整个壶身。

4 | 将此次茶汤弃去不要，用同样的方法再洗1～2次茶。

5 | 洗完茶之后再次冲水至满，盖上壶盖，淋壶，快速将茶汤滤入公道杯中。

6 | 将公道杯中的茶汤分入品茗杯，请客人品尝。

手机扫二维码
与视频同步做

黑茶

金瓜贡茶

识茶一句话

　　金瓜贡茶也称团茶、人头贡茶，是普洱茶独有的一种特殊紧压茶形式，因其形似南瓜，茶芽长年陈放后色泽金黄，得名金瓜，早年的金瓜茶是专为上贡朝廷而制，故名"金瓜贡茶"。

品鉴关键词

外形	匀整端正
色泽	黑褐光润
香气	纯正浓郁
汤色	橙黄明亮
滋味	醇香浓郁
叶底	肥软匀亮

发酵类型　后发酵

功效亮点　促进脂肪的新陈代谢，降低血脂，提神醒酒

冲泡难度　★★★★☆

▲ 金瓜贡茶干茶

▲ 金瓜贡茶茶汤

▲ 金瓜贡茶叶底

冲泡方法

🌡水温：90～95℃　　🫖工具：白瓷盖碗　　🍵茶叶克数：5克　　●茶水比例：1:50

1　沿着金瓜贡茶的边缘插入茶锥，稍用力撬开，取适量茶叶放入茶荷中，备用。

2　将沸水倒入盖碗中，然后从盖碗倒入公道杯中，再倒入品茗杯中温杯。

3　用茶匙将茶叶拨入盖碗中，沿着盖碗边沿，避开茶叶，细水高冲。

4　用杯盖刮去茶沫，拦住茶叶，将茶汤滤入公道杯，再倒入品茗杯洗杯，弃水。

5　再次沿着盖碗边沿，细水高冲，水柱避开茶叶，盖上杯盖。

6　即刻将茶汤滤入公道杯中，再分入品茗杯至七分满，即可品饮。

黑茶

六堡散茶

类别
滇桂黑茶

产地
广西壮族自治区梧州市苍梧县六堡乡

识茶一句话

　　六堡茶是广西特有的历史名茶，又名"苍梧六堡"，素以"红、浓、陈、醇"四绝著称，是广西当地人民日常生活的饮品，被视为养生保健的珍品，民间流传有耐于久藏、越陈越香的说法。

发酵类型

后发酵

功效亮点

祛风，消暑解热，增强免疫力，预防癌症

冲泡难度

★ ★ ★ ☆ ☆

品鉴关键词

外形	粗壮结实
色泽	黑褐光润
香气	有槟榔香
汤色	红浓明亮
滋味	甘醇爽滑
叶底	黑褐尚匀

▲ 六堡散茶干茶

▲ 六堡散茶茶汤

▲ 六堡散茶叶底

冲泡方法

🌡 **水温**：95 ～ 100℃　　⭕ **工具**：紫砂壶　　▤ **茶叶克数**：7 克　　⬤ **茶水比例**：1:40

1　将沸水倒入紫砂壶中，温壶后将水倒入公道杯中，再倒入品茗杯中温杯。

2　趁着壶尚温热，用茶匙将茶叶拨入茶壶中。

3　以沸水冲水入茶壶中，盖上壶盖，继续以沸水冲淋整个壶身。

4　将此次茶汤弃去不要，用同样的方法再洗 1 ～ 2 次茶。

5　低冲入沸水至壶八分满，盖上壶盖，闷泡 5 ～ 8 秒钟。

6　将茶汤滤入公道杯中，再分入品茗杯中品饮。

117

黑茶

湖南千两茶

产地 湖南省安化县云台山

类别 湖南黑茶

千两茶是湖南安化的一种传统名茶，以每卷（支）的茶叶净含量合老秤一千两而得名，因其外表的篾篓包装成花格状，故又名"花卷茶"，经过了渥堆的后发酵，陈放越久，质量越好，品味更佳。

发酵类型 后发酵

功效亮点 温中和胃，清脂肪、清肠胃、清血管、清毒素

冲泡难度 ★★★★☆

▲ 湖南千两茶干茶

▲ 湖南千两茶茶汤

▲ 湖南千两茶叶底

品鉴关键词

| 外形 | 呈圆柱形
| 色泽 | 黄褐油亮
| 香气 | 带松烟香
| 汤色 | 橙黄明亮
| 滋味 | 甜润醇厚
| 叶底 | 黑褐嫩匀

 小贴士

冲泡黑茶最好选择大一些的茶具，避免茶味过浓，千两茶也可以使用煮茶法，茶水比例约为 1:80。

🌡 水温：100℃　　🫖 工具：紫砂壶　　🍵 茶叶克数：8 克　　● 茶水比例：1:40

1 | 用手将拆下来的茶片掰成小块，放入茶荷中，备用。

2 | 将沸水倒入紫砂壶中，温壶后将水倒入公道杯中，再倒入品茗杯中温杯。

3 | 用茶匙将茶叶拨至茶壶中，茶量大约为壶的五分之一。

4 | 冲入沸水，盖上盖，淋壶，8 秒之后将茶汤倒掉，如此洗茶 2～3 次。

5 | 再次冲入沸水，速度不宜太快，盖上壶盖，用沸水冲淋壶身，泡 10 秒钟。

6 | 将茶汤滤入公道杯中，观赏汤色，再分入各品茗杯中，即可品饮。

手机扫二维码
与视频同步做

119

黑茶

茯砖茶

产地 湖南省益阳市安化县

类别 湖南黑茶

识茶一句话

茯砖茶是黑茶中最具特色的产品之一，采用湖南、陕南、四川等地的茶为原料，手工筑制，因原料送到泾阳筑制，故称"泾阳砖"，茶砖内有益生菌类形成的独特"金花"。

发酵类型 后发酵

功效亮点 养胃健胃，帮助消化，降脂减肥，利尿，醒酒

冲泡难度 ★★★★☆

品鉴关键词

外形	长方砖形
色泽	黑褐油润
香气	纯正清高
汤色	红黄明亮
滋味	醇和尚浓
叶底	黑褐粗老

▲ 茯砖茶干茶

▲ 茯砖茶茶汤

▲ 茯砖茶叶底

冲泡方法

🌡 水温：100℃　🫖 工具：紫砂壶　🍵 茶叶克数：8 克　⚫ 茶水比例：1:40

1　将茶刀或茶针从茶砖侧面插入，向上撬开，取适量茶放入茶荷中，备用。

2　将沸水倒入紫砂壶中，温壶后将水倒入公道杯中，再倒入品茗杯中温杯。

3　用茶匙将茶叶拨至茶壶中，茶量大约为壶的五分之一。

4　冲入沸水至满，用壶盖将茶沫刮去，倒掉茶汤，如此洗茶 2 ～ 3 次。

5　再次冲入沸水至八分满，盖上壶盖，泡约 1 分钟。

6　将茶汤滤入公道杯中，再分入各品茗杯中品饮。

黑茶

天尖茶

类别
湖南黑茶

产地
湖南省益阳市安化县

识茶一句话

历史上湖南安化黑茶系列产品有"三尖"之说，即天尖、生尖、贡尖，其中天尖黑茶地位最高，茶等级也最高，是以芽叶制作的散黑茶，为众多湖南安化黑茶之首，泡饮煮饮皆可。

品鉴关键词

|外形| 条索紧结
|色泽| 乌黑油润
|香气| 带松烟香
|汤色| 橙黄明亮
|滋味| 醇厚爽口
|叶底| 黄褐尚嫩

发酵类型　后发酵

功效亮点　清肠胃，助消化；清血管，降三高；清毒素，护肝肾

冲泡难度　★ ★ ★ ☆ ☆

▲ 天尖茶干茶

▲ 天尖茶茶汤

▲ 天尖茶叶底

冲泡方法

🌡 水温：100℃　　🫖 工具：紫砂壶　　🍵 茶叶克数：7克　　⚫ 茶水比例：1:40

1　将沸水倒入紫砂壶中，温壶后将水倒入公道杯中，再倒入品茗杯中温杯。

2　用茶匙将茶叶拨至茶壶中，茶量大约为壶的五分之一。

3　冲入沸水至满，用壶盖将茶沫刮去，倒掉茶汤，如此洗茶2～3次。

4　再次冲入沸水至八分满，盖上壶盖，泡约1分钟。

5　将茶汤滤入公道杯中，再分入各品茗杯中品饮。

6　以后每道的浸泡时间可适当延长。

黑茶

黑砖茶

产地｜湖南省白沙溪茶厂

类别｜湖南黑茶

识茶一句话

黑砖茶多半选用三级、四级的黑毛茶搭配其他茶种进行混合，再经过一系列工序制成，其外形通常为长方砖形，砖面压有"湖南省砖茶厂压制"，又被称为"八字砖"。

品鉴关键词

外形	平整光滑
色泽	黑褐油润
香气	清香纯正
汤色	黄红稍褐
滋味	浓厚带涩
叶底	黑褐均匀

发酵类型｜后发酵

功效亮点｜消食去腻，降脂减肥，解酒，暖胃，安神

冲泡难度｜★★★★☆

▲ 黑砖茶干茶　　　　　　▲ 黑砖茶茶汤　　　　　　▲ 黑砖茶叶底

冲泡方法

🌡️ 水温：100℃　　🫖 工具：紫砂壶　　🍵 茶叶克数：8克　　⚫ 茶水比例：1:40

1　将茶刀或茶针从茶砖侧面插入，向上撬开，取适量茶放入茶荷中，备用。

2　将沸水倒入紫砂壶中，温壶后将水倒入公道杯中，再倒入品茗杯中温杯。

3　用茶匙将茶叶拨至茶壶中，茶量大约为壶的五分之一。

4　冲入沸水至满，用壶盖将茶沫刮去，倒掉茶汤，如此洗茶 2 ~ 3 次。

5　再次冲入沸水至八分满，盖上壶盖，泡 1 ~ 2 分钟。

6　将茶汤滤入公道杯中，再分入各品茗杯中品饮。

黑茶

青砖茶

类别 湖北老青茶

产地 湖北省咸宁市薄圻、咸宁、通山、崇阳等县

识茶一句话

　　青砖茶是以老青茶作原料经压制而成的,其产地主要在湖北省咸宁地区,主要销往内蒙古等西北地区,已有 200 多年的历史,其外形为长方形,色泽青褐,汤色红黄,滋味香浓。

发酵类型　后发酵

功效亮点　生津解渴,清新提神,帮助消化,杀菌止泻

冲泡难度　★★★★☆

品鉴关键词

|外形| 长方砖形
|色泽| 青褐油润
|香气| 纯正馥郁
|汤色| 红黄尚明
|滋味| 味浓可口
|叶底| 暗黑粗老

▲ 青砖茶干茶

▲ 青砖茶茶汤

▲ 青砖茶叶底

冲泡方法

🌡 水温:100℃　　🫖 工具:紫砂壶　　📦 茶叶克数:8 克　　⚫ 茶水比例:1:40

1　将茶针从茶砖侧面插入,用力撬起一块,再用手掰下来,放入茶荷中,备用。

2　将沸水倒入紫砂壶中,温壶后将水倒入公道杯中,再倒入品茗杯中温杯。

3　用茶匙将茶叶拨至茶壶中,茶量大约为壶的五分之一。

4　冲入沸水至满,用壶盖将茶沫刮去,倒掉茶汤,如此洗茶 2 ~ 3 次。

5　再次冲入沸水至八分满,盖上壶盖,泡 20 ~ 30 秒。

6　将茶汤滤入公道杯中,再分入各品茗杯中品饮。

黄茶

【黄茶的分类】

黄茶按其鲜叶老嫩、芽叶的大小，可分为黄芽茶、黄小茶和黄大茶三类。

黄芽茶

黄芽茶是采摘最细嫩的单芽或一芽一叶加工制成的，幼芽色黄而多白毫，故名黄芽，香味鲜醇。著名品种有君山银针、蒙顶黄芽、霍山黄芽等。

黄小茶

黄小茶是采摘细嫩芽叶加工而成的，一芽一叶，条索细小。著名品种有沩山毛尖、平阳黄汤、远安鹿苑等。

黄大茶

黄大茶是黄茶中产量最多的一类，鲜叶采摘要求大枝大杆，一芽四五叶，长度在10～13厘米，以安徽的霍山黄大茶、广东的大叶青最为著名。

黄茶的家庭冲泡法

1 准备茶具

用瓷杯、盖碗和玻璃杯都可以，细嫩的黄芽茶用玻璃杯冲泡最好，可以欣赏茶叶冲泡时的形态变化。

2 赏茶

观察茶叶的形状和色泽。

3 投茶

将 3 ~ 5 克的黄茶投入准备好的茶具中。

4 泡茶

泡茶的水以 80 ~ 90℃为宜，先快后慢地注水，大约到 1/3 处，待茶叶完全浸透，再注水至七分满即可。

5 品茶

在品饮时，要慢慢啜饮，才能品味其茶香。

常见的几个问题

1. 关于芽茶的冲泡

冲泡黄茶最佳的效果是使茶叶根根直立，要做到这一点，除了茶叶本身质优外，还可将杯子中的水珠擦干，避免茶叶因为吸水而降低茶叶的竖立率。泡茶时，将水壶由上往下反复提举三四次，反复击打茶叶。

2. 关于茶水比例

黄茶与绿茶类似，但是经过了部分发酵，因此建议投茶量为 3 ~ 5 克，建议茶水比例为 1 ∶ 50，也可根据个人口感进行适度调整。

3. 关于水的选择

建议采用纯净水来冲泡黄茶，水中的氯离子、钙离子和镁离子对茶汤的品质有很大的影响，因此不建议采用自来水或含钙离子、镁离子高的矿泉水泡茶。

4. 关于出汤时间

每一泡饮到剩下 1/3 时续水，这样每泡的茶汤口感更佳，建议一、二、三、四泡出汤时间分别为 1.5 分钟、2 分钟、3 分钟、4 分钟，四泡后茶汤已淡，可更换茶叶。

黄茶

君山银针

类别 黄芽茶

产地 湖南省岳阳市洞庭湖中的君山岛

识茶一句话

　　君山银针始于唐代，清朝时被列为贡茶，有"金镶玉"之称，因茶芽挺直，布满白毫，形似银针而得名，冲泡时根根银针悬空竖立，继而三起三落，簇立杯底，极具观赏性，乃黄茶珍品。

发酵类型　　部分发酵

功效亮点　　清热降火，明目清心，提神醒脑，消除疲劳

冲泡难度　　★★☆☆☆

▲ 君山银针干茶

▲ 君山银针茶汤

▲ 君山银针叶底

品鉴关键词

| 外形 | 茁壮挺直
| 色泽 | 芽头金黄
| 香气 | 毫香鲜嫩
| 汤色 | 杏黄明净
| 滋味 | 醇和甜爽
| 叶底 | 肥厚匀亮

小贴士

　　预热茶杯后要将杯内的水擦干，以避免茶芽吸水而不易竖立。冲泡后，可观赏茶芽渐次直立的过程。

🌡 水温：80 ~ 85℃　🫖 工具：玻璃杯　📦 茶叶克数：5 克　⚫ 茶水比例：1:30

1　采用回旋斟水法，将热水缓缓注入玻璃杯中。

2　左手托杯底，右手拿杯，稍倾斜杯子，逐渐回旋一周，将水倒掉。

3　快速将杯子内部的水擦干，并趁杯子尚热，用茶匙将茶叶轻轻拨入杯中。

4　待水温降至适宜温度，采用回旋斟水法，沿杯壁缓缓注入三分之一水量。

5　提高水壶，继续加水至七分满。

6　盖上盖子或玻璃盖片，观赏茶叶缓缓下坠、根根直立，5 分钟后可品饮。

手机扫二维码
与视频同步做

黄茶

霍山黄芽

类别 黄芽茶

产地 安徽省六安市霍山县

霍山黄芽历史悠久，早在 1000 多年前就已成为唐朝名茶，明代被列为贡品，清朝更定为内用，在《国史补》《新唐书》《群芳谱》中均有记载，后忽然绝迹，直至1971年经创制而恢复生产，并延续至今。

| 发酵类型 | 部分发酵 |

| 功效亮点 | 降脂减肥，护齿明目，改善肠胃功能，美容 |

| 冲泡难度 | ★★☆☆☆ |

▲ 霍山黄芽干茶

▲ 霍山黄芽茶汤

▲ 霍山黄芽叶底

品鉴关键词

| 外形 | 形似雀舌

| 色泽 | 绿润泛黄

| 香气 | 清高持久

| 汤色 | 黄绿明亮

| 滋味 | 鲜醇浓厚

| 叶底 | 嫩匀厚实

 小贴士

不可闷泡太久，品饮之前，先赏茶汤、叶底，观色、闻香、赏形，然后趁热品啜茶汤的滋味。

🌡 水温：80 ~ 85℃   🫖 工具：玻璃杯   🍵 茶叶克数：5 克   ⬤ 茶水比例：1:30

1 采用回旋斟水法，将热水缓缓注入玻璃杯中。

2 左手托杯底，右手拿杯，稍倾斜杯子，逐渐回旋一周，将水倒掉。

3 趁杯子尚热，用茶匙将茶叶轻轻拨入杯中，拿起杯子闻干茶香。

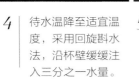

4 待水温降至适宜温度，采用回旋斟水法，沿杯壁缓缓注入三分之一水量。

5 拿起杯子轻摇，让茶叶在水里充分浸润约 40 秒。

6 采用"凤凰三点头"的方法加水至七分满，泡一分钟左右即可品饮。

手机扫二维码
与视频同步做

黄茶

莫干黄芽

类别 黄芽茶

产地 浙江省湖州市德清县莫干山一带

识茶一句话

莫干黄芽又名横岭1号，产于莫干山，这里常年云雾笼罩，空气湿润，土壤腐殖质丰富，为茶叶的生长提供了优越的环境，其成茶条紧纤秀，细似莲芯，含嫩黄白毫芽尖，汤黄叶黄。

发酵类型 部分发酵

功效亮点 舒缓神经，安神降燥，放松心情

冲泡难度 ★★★☆☆

品鉴关键词

外形	细如雀舌
色泽	墨绿黄润
香气	清香幽雅
汤色	嫩黄清澈
滋味	甘醇鲜爽
叶底	嫩黄成朵

▲ 莫干黄芽干茶

▲ 莫干黄芽茶汤

▲ 莫干黄芽叶底

冲泡方法

🌡 水温：85～90℃　　🫖 工具：白瓷盖碗　　🍵 茶叶克数：5克　　⚫ 茶水比例：1:30

1　将水煮沸后倒入盖碗中，再用烫洗盖碗的水依次烫洗公道杯、品茗杯。

2　趁着盖碗尚热，用茶匙将茶叶拨入盖碗中。

3　待水温降至约90℃，冲水至盖碗至八分满。

4　泡5～10秒即可迅速出汤，由于莫干黄芽很干净，因此无需洗茶。

5　用盖子拦住茶叶，将茶汤倒入公道杯。

6　将公道杯中的茶汤分入品茗杯中，品味莫干黄芽如嫩玉米的细腻香气。

黄茶

沩山毛尖

类别 黄小茶

产地 湖南省长沙市宁乡县西部大沩山一带

沩山毛尖产于湖南省宁乡县，历史悠久，唐代便已著称于世，清代时被列为上品，影响力与龙井不相上下，并颇受边疆人民喜爱，其芽尖形如雀嘴，叶片闪亮发光，有令人心怡的松香味。

发酵类型 部分发酵

功效亮点 延缓衰老，减轻紫外线对皮肤的损伤，解烟酒毒

冲泡难度 ★ ★ ☆ ☆ ☆

品鉴关键词

外形	叶缘微卷
色泽	黄亮油润
香气	芬芳浓厚
汤色	橙黄明亮
滋味	醇甜爽口
叶底	黄亮嫩匀

▲ 沩山毛尖干茶

▲ 沩山毛尖茶汤

▲ 沩山毛尖叶底

冲泡方法

🌡️ **水温**：80 ~ 85℃　　🔄 **工具**：玻璃杯　　📋 **茶叶克数**：5 克　　⚫ **茶水比例**：1:30

1　采用回旋斟水法，将热水注入玻璃杯中。

2　左手托杯底，右手拿杯，稍倾斜杯子，逆时针逐渐回旋一周，将水倒掉。

3　趁杯子尚热，用茶匙将茶叶轻轻拨入杯中。

4　待水温降至适宜温度，采用回旋斟水法，沿杯壁缓缓注入三分之一水量。

5　拿起杯子轻摇，让茶叶在水里充分浸润。

6　提高水壶，加水至七分满，泡 2 分钟即可品饮。

黄茶

北港毛尖

类别 黄小茶

产地 湖南省岳阳市北港邕湖一带

识茶一句话

北港毛尖是条形黄茶的一种，在唐代即有记载，名为"邕湖茶"，清代乾隆年间已有名气，其茶区气候温和，雨量充沛，湖面蒸气冉冉上升，形成了北港茶园得天独厚的自然环境。

品鉴关键词

|外形| 芽壮叶肥
|色泽| 青黄油润
|香气| 香气清高
|汤色| 金黄明亮
|滋味| 甘甜醇厚
|叶底| 嫩黄似朵

发酵类型 部分发酵

功效亮点 解酒，保护胃黏膜，软化血管，收敛消炎

冲泡难度 ★★☆☆☆

▲ 北港毛尖干茶

▲ 北港毛尖茶汤

▲ 北港毛尖叶底

冲泡方法

🌡 水温：80 ~ 85℃　　🏺 工具：玻璃杯　　🍵 茶叶克数：5 克　　⚫ 茶水比例：1:30

1　采用回旋斟水法，将热水注入玻璃杯中。

2　旋转杯身，将杯子烫洗干净，倒掉杯内的水。

3　趁杯子尚热，用茶匙将茶叶拨入杯中。

4　待水温降至适宜温度，采用回旋斟水法，沿杯壁缓缓注入三分之一水量。

5　拿起杯子轻摇，让茶叶在水里充分浸润。

6　提高水壶，加水至七分满，泡 2 ~ 3 分钟即可品饮。

黄茶

广东大叶青

类别 黄大茶

产地 广东省韶关、肇庆、湛江等县市

广东大叶青创制于明代隆庆年间，具有"叶大、梗长、色黄汤黄"的特征，具有浓烈的老火香（俗称锅巴香），制法是先萎凋后杀青，再揉捻闷堆，这与其他黄茶不同。

发酵类型 部分发酵

功效亮点 养护脾胃，促进消化，清热解疫，凉血除斑

冲泡难度 ★★★☆☆

品鉴关键词

|外形| 肥壮卷紧

|色泽| 青润带黄

|香气| 清香纯正

|汤色| 深黄明亮

|滋味| 浓醇回甘

|叶底| 浅黄完整

▲ 广东大叶青干茶

▲ 广东大叶青茶汤

▲ 广东大叶青叶底

冲泡方法

🌡️ 水温：85 ~ 90℃　　⏱️ 工具：白瓷盖碗　　📦 茶叶克数：5 克　　⚫ 茶水比例：1:30

1　将水煮沸后，倒入盖碗中，再依次烫洗公道杯、品茗杯等茶具。

2　趁着盖碗尚热，用茶匙将茶叶拨入盖碗中。

3　待水温降至适宜温度，冲水至盖碗中至八分满。

4　泡 15 ~ 20 秒即出汤，用盖子拦住茶叶，将茶汤倒入公道杯。

5　将公道杯中的茶汤分入品茗杯中。

6　从第二泡开始，浸泡时间可依次延长 5 ~ 10 秒。

白茶

【白茶的分类】

白茶的成茶，白色茸毛越多，品质越好。而白色茸毛的多寡，主要与茶树品种和采摘的嫩度有关。

按茶树品种分类

白茶最早是采用菜茶茶树（指用种子繁殖的茶树群种）的芽叶制作而成，后逐渐选用水仙、福鼎大白、政和大白、福鼎大毫、福安大白、福云六号等茶树品种。故而白茶可按照所采摘的茶树品种不同而分类：采自政和大白等大白茶树品种的称为"大白"；采自菜茶茶树品种的称为"小白"；采自水仙茶树品种的称为"水仙白"。从白茶的发展史看，先有小白，后有大白，再有水仙白。

按采摘嫩度分类

白茶依鲜叶的采摘标准不同分为银针、白牡丹、贡眉和寿眉。其中银针属"白芽茶"，白牡丹、贡眉、寿眉属"白叶茶"。

白芽茶

白芽茶是用大白茶或其他茸毛特多品种的肥壮芽头制成的白茶，即"银针"，要采摘第一真叶刚离芽体但尚未展开的芽头，然后剥离真叶制作成红茶或绿茶，单用芽身制作银针。代表品种是"白毫银针"，主要产区为福鼎、政和、松溪、建阳等地，由于鲜叶原料全部是茶芽，其外观挺直似针，满披白毫，如银似雪，素有茶中"美女"之美称。

白毫银针因产地和茶树品种不同，又分北路银针和南路银针两个品目。产于福鼎市的白毫银针采用晒干方式，亦称"北路银针"；产于南平市的政和县、松溪县和建阳市的白毫银针采用烘干方式，亦称"南路银针"。

白叶茶

白叶茶是指用芽叶茸毛多的品种制成的白茶，采摘一芽二三叶或单片叶，经萎凋、干燥而成，主要产于福建福鼎、政和、建阳等地。

采用嫩尖芽叶制作，成品冲泡后形态有如花朵的称为"白牡丹"。白牡丹须采"三白"，即一芽二叶，芽与叶带有白毫的最为合适。

采自菜茶群体的芽叶制成的成品称为"贡眉"。制作"银针"时采下的嫩梢经"抽针"后，用剩下的叶片制成的成品称为"寿眉"。

白茶的家庭冲泡法

1 准备茶具

在选择茶具时，最好用玻璃材质的茶具，便于观察叶底的形态。

2 赏茶

在冲泡之前，要先欣赏一下茶叶的形状和颜色，白茶的颜色为白色。

3 投茶

泡白茶可用玻璃杯、盖碗或陶壶，亦可用铁壶煮，投茶量3~9克不等。由于白茶干茶普遍较轻且蓬松，因此体积会较大。

4 冲泡

水温控制在90℃左右，若用玻璃杯冲泡，可先在杯子中注入少量的水，大约淹没茶叶即可，待茶叶浸润大约10秒后，用高冲法注入开水。

5 品饮

待茶泡大约3分钟后即可饮用，白茶味淡，要慢慢、细细品味才能体会其中的茶香。

常见的几个问题

1. 关于投茶量

有研究表明，当白茶的茶水比例为1:30的时候，茶叶的营养成分溶出更稳定。一般来说，玻璃杯泡3克，盖碗和小壶泡5克，大壶泡7克，煮白茶9克。茶量宁少勿多。

2. 关于水温

白茶等级越高，水温相对越低。白毫银针，85℃的水足以泡出味道，温度太高会伤及毫香；白牡丹可以用90℃左右的水来泡；而寿眉叶子粗，茶梗多，不易出味，可以用100℃的沸水冲泡。

3. 关于煮茶

五年以上的老白茶是最适合煮着喝的。煮白茶时，通常需要先用热水泡两泡，然后按照茶水比1:80的比例再加一次热水，放在慢火上煮，这样既可以去掉老白茶的陈味，又唤醒了茶的活性，口感会更柔和。

4. 关于冷泡

白茶可以用冷水泡，先投茶或先放水均可，投茶量以1克为宜。可将茶放入矿泉水瓶中，拧上瓶盖，3~4小时之后即可饮用，有解暑功效，适合夏季外出携带。

白茶

白毫银针

类别 白芽茶

产地 福建省宁德市、福鼎市、南平市政和县

白毫银针，简称银针，又叫白毫，素有茶中"美女"之美称，由于鲜叶原料全部是茶芽，故成茶形状似针，白毫密被，色白如银，冲泡后香气清鲜，滋味醇和，杯中的景观也使人情趣横生。

| 发酵类型 | 轻微发酵 |

| 功效亮点 | 消除疲劳，减少辐射损伤，降酒后虚火 |

| 冲泡难度 | ★★★☆☆ |

▲ 白毫银针干茶

▲ 白毫银针茶汤

▲ 白毫银针叶底

品鉴关键词

|外形| 茶芽肥壮

|色泽| 鲜白如银

|香气| 毫香浓郁

|汤色| 杏黄晶亮

|滋味| 甘醇清鲜

|叶底| 肥嫩柔软

 小贴士

白毫银针的茶叶很干净，不用洗茶，出汤时也不需使用过滤网，因为茶上的豪毛有一定的营养价值。

🌡 **水温**：85℃　　🍵 **工具**：玻璃盖碗　　🗋 **茶叶克数**：5 克　　⬤ **茶水比例**：1:30

1 将沸水倒入玻璃盖碗中，再从盖碗倒入公道杯，接着倒入品茗杯中温杯。

2 揭开碗盖，用茶匙将干茶轻轻拨入盖碗中。

3 盖上盖子，拿起盖碗摇动几下，揭盖闻香。

4 待水温降至适宜温度，提高水壶冲水至八分满，盖上盖子，浸泡2分钟。

5 将茶汤直接倒入公道杯中，无需使用过滤网。

6 将公道杯中的茶汤分入品茗杯中至七分满，即可品饮。

手机扫二维码
与视频同步做

白茶

白牡丹

类别	产地
白叶茶	福建省南平市政和县、松溪县、建阳区及福鼎市

识茶一句话

白牡丹以绿叶夹银白色毫心，形似花朵，冲泡之后绿叶托着嫩芽，宛若蓓蕾初开而得名，是福建省历史名茶，采用福鼎大白茶、福鼎大毫茶为原料，经传统工艺加工而成，被称为"白茶之王"。

发酵类型　　轻微发酵

功效亮点　　祛暑，通血管，明目，抗辐射，解毒

冲泡难度　　★★★☆☆

▲ 白牡丹干茶

▲ 白牡丹茶汤

▲ 白牡丹叶底

品鉴关键词

外形	叶张肥嫩
色泽	灰绿显毫
香气	毫香明显
汤色	杏黄清澈
滋味	鲜醇清甜
叶底	柔软成朵

 小贴士

白牡丹可以用任何茶具冲泡，用紫砂壶泡出来的味道更醇厚，用玻璃杯冲泡可观赏如花朵绽放的叶底。

🌡 水温：90℃　♨ 工具：玻璃盖碗　🫖 茶叶克数：5 克　● 茶水比例：1:30

1 将水烧至滚开，倒入盖碗中，然后倒入公道杯，接着倒入品茗杯中温杯。

2 用茶匙将干茶拨入盖碗中，盖上杯盖，拿起盖碗摇动几下，揭盖闻香。

3 待水温稍降，沿着盖碗边缘冲入，然后盖上杯盖。

4 将茶汤倒去不要，此道为洗茶。

5 再次沿盖碗边缘注水至八分满，盖上杯盖，浸泡30秒。

6 将茶汤滤入公道杯中，再分入各品茗杯至七分满，即可品饮。

手机扫二维码
与视频同步做

白茶

贡眉

类别 白叶茶

产地 福建省南平市建阳区

识茶一句话

清代萧氏兄弟制作的寿眉白茶被朝廷采购，被称为贡品寿眉白茶，简称"贡眉"，此茶是用菜茶芽叶制成的毛茶，即"小白"制成的，毫心明显，茸毫色白且多，干茶色泽翠绿，气味清香。

发酵类型　轻微发酵

功效亮点　清凉解毒，明目降火，功效如同犀牛角

冲泡难度　★★★☆☆

品鉴关键词

| 外形 | 形似扁眉
| 色泽 | 翠绿光泽
| 香气 | 清鲜纯正
| 汤色 | 深黄清澈
| 滋味 | 醇厚清甜
| 叶底 | 嫩匀明亮

▲ 贡眉干茶

▲ 贡眉茶汤

▲ 贡眉叶底

冲泡方法

🌡 水温：90～95℃　　🫖 工具：白瓷盖碗　　🫙 茶叶克数：5克　　⚫ 茶水比例：1:30

1　将水烧至滚开，倒入盖碗中，然后将水倒入公道杯，接着倒入品茗杯中温杯。

2　趁盖碗还温热时，用茶匙将干茶拨入盖碗中。

3　待水温稍降，冲入盖碗中，然后盖上杯盖。

4　将茶汤滤入公道杯中，再从公道杯中倒入品茗杯中洗杯。

5　再次冲水，盖上杯盖，浸泡约5秒。

6　将茶汤滤入公道杯中，再分入品茗杯至七分满，即可品饮。

白茶

寿眉

类别 白叶茶

产地 福建省南平市建阳区

识茶一句话

寿眉是以菜茶有性群体茶树芽叶，即"小白"制成的白茶，不同于福鼎大白茶、政和大白茶茶树芽叶制成的"大白"毛茶，此茶叶张稍肥嫩，芽叶连枝，无老梗，叶整卷如眉，香气清纯。

品鉴关键词

| 外形 | 形似扁眉

| 色泽 | 翠绿显毫

| 香气 | 香高清鲜

| 汤色 | 橙黄清澈

| 滋味 | 醇厚爽口

| 叶底 | 嫩匀明亮

发酵类型 轻微发酵

功效亮点 功效如同犀牛角，可作为感冒、发烧良药

冲泡难度 ★★★★☆

▲ 寿眉干茶

▲ 寿眉茶汤

▲ 寿眉叶底

冲泡方法

🌡 **水温**：90 ~ 100℃   🫖 **工具**：盖碗、铁壶   📦 **茶叶克数**：9 克   ⚫ **茶水比例**：1:80

1 将水烧至滚开，倒入盖碗中，再依次倒入公道杯、品茗杯中将杯烫洗干净。

2 将两年以上的老寿眉茶用茶匙拨入盖碗中。

3 待水温降至 90℃，冲入盖碗，泡约 30 秒后出汤。依此法再泡一道。

4 将泡完两道的茶叶拨入铁壶中，注水至七分满。

5 盖上壶盖，将铁壶置于火上，大火煮开后转小火慢慢熬煮。

6 茶煮开后 3 ~ 5 分钟即可倒入杯中饮用，喜欢喝浓茶的话可煮久一点。

白茶

福鼎白茶

类别 白叶茶

产地 福建省宁德市、福鼎市

福建是白茶之乡，以福鼎白茶品质最佳、最优，它采摘的是最优质的茶芽，具有非常实用的功效，如缓解因饮用红酒而上火的不适，因此也成为成功人士社交应酬的忠实伴侣。

发酵类型 轻微发酵

功效亮点 清热祛火，降低血压、血糖，增强免疫力

冲泡难度 ★★★☆☆

品鉴关键词

外形	分支浓密
色泽	叶色黄绿
香气	香气纯正
汤色	杏黄清透
滋味	回味甘甜
叶底	浅灰薄嫩

▲ 福鼎白茶干茶

▲ 福鼎白茶茶汤

▲ 福鼎白茶叶底

冲泡方法

🌡 水温：90℃　🫖 工具：紫砂壶　🍵 茶叶克数：6 克　⚫ 茶水比例：1:30

1　将沸水倒入紫砂壶中温壶，再用温壶的水烫洗公道杯、品茗杯。

2　用茶匙将茶叶拨入壶中，待水温稍降，冲水至满，刮去茶沫。

3　盖上壶盖，将壶内的茶汤倒掉，此道为洗茶。

4　再次冲水至壶八分满，盖上壶盖，浸泡 45 秒。

5　将茶汤滤入公道杯中，把壶内的水淋净。

6　将公道杯中的茶汤斟入品茗杯至七分满，即可品饮。

白茶

月光白

类别 白叶茶

产地 云南省思茅地区

识茶一句话

月光白又名"月光美人"，形状奇异，一芽一叶，一面白，一面黑，表面绒白，底面黝黑，就像月光照在茶芽上，此茶虽以普洱古茶树的芽叶制作，却并非采用普洱茶加工工艺，极具特色。

品鉴关键词

| 外形 | 茶绒纤纤
| 色泽 | 面白底黑
| 香气 | 馥郁缠绵
| 汤色 | 金黄透亮
| 滋味 | 醇厚饱满
| 叶底 | 红褐匀整

发酵类型 轻微发酵

功效亮点 清凉祛火，调节内分泌，美容润肤，降脂减肥

冲泡难度 ★★☆☆☆

▲ 月光白干茶

▲ 月光白茶汤

▲ 月光白叶底

冲泡方法

🌡 水温：90℃　　🍵 工具：紫砂壶　　📦 茶叶克数：6 克　　⚫ 茶水比例：1:30

1　将沸水倒入紫砂壶中温壶，再用温壶的水烫洗公道杯、品茗杯。

2　用茶匙将茶叶拨入壶中，待水温降至 90℃，冲水至满，刮去茶沫。

3　盖上壶盖，将壶内的茶汤倒掉，此道为洗茶。

4　再次冲水至壶八分满，盖上壶盖，浸泡 15 秒。

5　将茶汤滤入公道杯中，再斟入品茗杯至七分满，即可品饮。

6　前三泡出汤时间均为 15 秒，第四、第五泡为 25 秒，第六、第七泡为 30 秒。

143

花茶

花茶按照其材料、制作工艺的不同，一般可分为花草（果）茶、窨花茶、工艺花茶三类。

花草（果）茶

花草（果）茶即将植物的花或叶或其果实干燥而成的茶，气味芬香并具有养生疗效。饮用叶或花的称之为花草茶，如玫瑰花茶、甜菊叶茶、荷叶茶；饮用其果实的称之为花果茶，如无花果茶、山楂茶、罗汉果茶。

窨花茶

窨花茶又称熏花茶、香片，例如茉莉花茶、珠兰花茶、玉兰花茶、桂花龙井等，利用茶善于吸收异味的特点，将有香味的鲜花和新茶一起闷，待茶将香味吸收后再把干花筛除制成的，因此干茶中虽然没有花，冲泡之后却有浓郁的花香。窨花茶一般用绿茶制作，也有用红茶、乌龙茶制作的。

工艺花茶

工艺花茶又称艺术茶、特种工艺茶，是指以茶叶和可食用花卉为原料，经整形、捆扎等工艺制成外观造型各异，冲泡时可在水中开放出不同形态的造型花茶。根据冲泡时的动态艺术感可分为三类：绽放型工艺花茶，即冲泡时茶中内饰花卉缓慢绽放的工艺花茶；跃动型工艺花茶，即冲泡时茶中内饰花卉有明显跃动升起的工艺花茶；飘絮型工艺花茶，即冲泡时有细小花絮从茶中飘起再缓慢下落的工艺花茶。冲泡工艺花茶一般选用透明的高脚玻璃杯，便于观赏其造型。

花茶的家庭冲泡法

1 准备茶具

高档的花茶，最好用玻璃杯；中、低档花茶，适宜用瓷杯或盖碗。

2 赏茶

欣赏花茶的外形，花茶形态各异，外形值得一赏。

3 投茶

将 3 ~ 6 克花茶投入茶杯中。

4 冲泡

用玻璃杯冲泡高档花茶，宜用 85℃ 左右的水；用瓷杯或盖碗冲泡中、低档花茶，可用 100℃ 的沸水。

5 品饮

待茶浸泡 3 分钟后即可饮用。在饮用前，先揭盖闻香，品饮时将茶汤在口中停留片刻，以充分品尝、感受其香味。

常见的几个问题

1. 关于闷泡

以花材制作的花茶，如玫瑰花茶、茉莉花茶、菊花茶等，冲入热水后可以加盖闷泡，使其花香物质充分浸出，又不会迅速散失。揭盖后先闻花香，再品茶味。

2. 关于拌花茶

在购买窨花茶时，要留心买到"拌花茶"。窨花茶有浓郁的花香，冲泡多次后香味经久不散；"拌花茶"没有经过复杂的"窨花"工艺，因此香味淡，不耐冲泡，干茶的香气也只能维持 1~2 个月。

3. 关于拼配

花茶的味道、功效多种多样，可以将多种花茶，或者花茶与茶叶进行搭配，制作出口感更丰富、功效更全面的花茶，例如 0.5 克桂花拼配 2.5 克绿茶。

4. 关于浸泡时间

花茶的浸泡时间较长，可灵活掌握。第一泡一般加盖闷 3 ~ 5 分钟，如果是香味浓郁、耐泡的花茶，如迷迭香，以后每泡的时间都可更长，如第二次泡静置 7 分钟，第三泡静置 10 分钟。

花茶

茉莉花茶

产地
福建省福州市等地

类别
窨花茶

识茶一句话

　　茉莉花茶是将茶叶和茉莉鲜花进行拼和、窨制，使茶叶吸收花香而成，因茶中加入茉莉花朵熏制而成，故名茉莉花茶，成茶经久耐泡，根据品种和产地、形状的不同，又有着不同的名称。

发酵类型　不发酵

功效亮点　清热解毒，理气安神，开郁辟秽，消除口臭

冲泡难度　★★★☆☆

▲ 茉莉花茶干茶

▲ 茉莉花茶茶汤

▲ 茉莉花茶叶底

品鉴关键词

|外形| 紧细匀整

|色泽| 黑褐油润

|香气| 鲜灵持久

|汤色| 黄绿明亮

|滋味| 醇厚鲜爽

|叶底| 嫩匀柔软

 小贴士

　　如果冲泡的是极优质的特种茉莉花茶，则宜选用玻璃杯，水温以80~90℃为宜，采用下投法。

🌡 水温：95 ~ 100℃　🫖 工具：白瓷盖碗　🍵 茶叶克数：3 克　⚫ 茶水比例：1:50

1　将水烧至滚开，倒入盖碗中，然后倒入公道杯，接着倒入品茗杯中温杯。

2　趁盖碗还温热时，用茶匙将干茶拨入盖碗中，盖上盖摇两下，揭盖闻香。

3　待水温降至适宜温度，提高水壶，将水高冲入盖碗中，然后盖上盖。

4　将茶汤滤入公道杯中，再从公道杯中倒入品茗杯中，洗杯后将水倒掉。

5　再次将水高冲入盖碗，盖上杯盖，浸泡约 1 分钟。

6　将茶汤滤入公道杯中，再分入各品茗杯至七分满，即可品饮。

手机扫二维码
与视频同步做

花茶

玫瑰花茶

产地 山东省济南市平阴县

类别 花草茶

【识茶一句话】

　　玫瑰花茶是用鲜玫瑰花干燥制成的，可作为药材，能调和肝脾，理气和胃，对心脑血管病、高血压、心脏病及妇科病有显著疗效，我国栽植的玫瑰花以济南市平阴县质量最优。

发酵类型	不发酵
功效亮点	疏肝解郁，镇静情绪，改善气色，缓解痛经
冲泡难度	★★☆☆☆

▲ 玫瑰花茶干茶

▲ 玫瑰花茶茶汤

▲ 玫瑰花茶叶底

【品鉴关键词】

|外形| 饱满完整

|色泽| 自然纯艳

|香气| 浓郁纯正

|汤色| 黄亮透明

|滋味| 甘醇浓郁

|叶底| 粉白柔嫩

 小贴士

　　质量好的玫瑰花茶香气扑鼻却不刺鼻，泡出的茶汤为明亮的黄色，若为红色则是染色玫瑰花。

🌡️ 水温：95 ~ 100℃　🕐 工具：玻璃茶壶　🫖 茶叶克数：6 克　⚫ 茶水比例：1:50

1 | 将热水分别注入玻璃茶壶、公道杯、品茗杯中，逐一烫洗茶具。

2 | 用茶匙将玫瑰花拨入茶壶中，加水至四分之一满。

3 | 拿起茶壶轻摇，使玫瑰花充分浸润，之后将壶内的水倒掉，洗去浮尘。

4 | 再次向壶内注水至八分满，盖上壶盖，浸泡 2 ~ 3 分钟。

5 | 将壶内的茶汤倒入公道杯中，可不用过滤网。

6 | 将公道杯中的玫瑰花茶分如品茗杯至七分满，即可品饮。

手机扫二维码
与视频同步做

花茶

菊花茶

识茶一句话

菊花茶产地分布各地，品种自然繁多，或明黄鲜艳，或纯白清新，比较引人注目的有杭白菊、贡菊、毫菊、滁菊、川菊、德菊、怀菊，具有药用价值，可与多种花草、药材、茶叶搭配冲泡。

品鉴关键词

|外形| 花朵外形
|色泽| 黄或者白
|香气| 清香怡人
|汤色| 黄色透明
|滋味| 甘甜清爽
|叶底| 舒展细嫩

发酵类型　不发酵

功效亮点　疏风清热，消炎解毒，清肝明目，可治风热感冒

冲泡难度　★★☆☆☆

▲ 菊花茶干茶

▲ 菊花茶茶汤

▲ 菊花茶叶底

冲泡方法

🌡️ 水温：95 ～ 100℃　　🫖 工具：玻璃茶壶　　📦 茶叶克数：5 克　　⚫ 茶水比例：1:50

1　将热水分别注入玻璃茶壶、公道杯、品茗杯中，逐一烫洗茶具。

2　用茶匙将干菊花拨入茶壶中，加水至四分之一满。

3　10 ～ 15 秒之后将壶内的水倒掉，洗去干菊花表面的浮尘和杂质。

4　再次向壶内注水至七分满，盖上壶盖，浸泡 2 ～ 3 分钟。

5　将壶内的茶汤倒入公道杯中，不用倒净，可留一部分茶汤续水再泡。

6　将公道杯中的菊花茶分入品茗杯至七分满，即可品饮。

花茶

金银花茶

类别

花草茶

产地

河南封丘、山东平邑、河北巨鹿等

识茶一句话

金银花茶是一种新兴保健茶，茶汤芳香、甘凉可口，其中的有效成分具有抗病原微生物的作用，常饮此茶，有清热解毒、消炎杀菌、通经活络、护肤美容之功效。

发酵类型　不发酵

功效亮点　清热解毒，疏利咽喉，消暑除烦，降脂减肥

冲泡难度　★★☆☆☆

品鉴关键词

外形	紧细匀直
色泽	灰绿光润
香气	清纯隽永
汤色	黄绿明亮
滋味	醇厚甘爽
叶底	嫩匀柔软

▲ 金银花茶干茶

▲ 金银花茶茶汤

▲ 金银花茶叶底

冲泡方法

🌡 水温：95 ~ 100℃　　🫖 工具：玻璃茶壶　　🧺 茶叶克数：4 克　　⚫ 茶水比例：1:60

1　将热水分别注入玻璃茶壶、公道杯、品茗杯中，逐一烫洗茶具。

2　用茶匙将金银花拨入茶壶中，加水至四分之一满。

3　10 ~ 15 秒之后将壶内的水倒掉，洗去金银花表面的浮尘和杂质。

4　再次向壶内注水至七分满，盖上壶盖，浸泡 2 ~ 3 分钟。

5　将壶内的茶汤倒入公道杯中，不用滤净，可留一部分茶汤续水再泡。

6　将公道杯内的茶汤分至品茗杯，小口品饮，感受金银花特有的香气。

花茶

桂花龙井

产地 浙江省杭州市

类别 窨花茶

识茶一句话

　　桂花龙井是西湖龙井茶坯与杭州市花桂花窨制而成的一种名贵花茶，早在宋代便已存在，其等级划分是以西湖龙井的茶坯等级为依据，一般采用特级、一级、二级的西湖龙井茶坯。

品鉴关键词
外形	光滑平直
色泽	黄绿灰暗
香气	具桂花香
汤色	橙黄明亮
滋味	醇和顺滑
叶底	黄绿匀齐

发酵类型　　不发酵

功效亮点　　润喉祛痰，提神醒脑，消除口臭，增进食欲

冲泡难度　　★★☆☆☆

▲ 桂花龙井干茶

▲ 桂花龙井茶汤

▲ 桂花龙井叶底

冲泡方法

🌡 水温：80 ~ 85℃　　⬤ 工具：玻璃杯　　⬛ 茶叶克数：3 克　　⬤ 茶水比例：1:50

1 采用回旋斟水法，将热水注入玻璃杯中。

2 左手托杯底，右手拿杯，稍倾斜杯子，逆时针逐渐回旋一周，将水倒掉。

3 趁杯子仍温热时，用茶匙将茶叶轻轻拨入杯中。

4 待水温降至适宜温度，沿杯壁缓缓注入三分之一水量。

5 拿起杯子，微微倾斜，并沿着一个方向轻轻转动，让茶叶充分浸润。

6 将杯子放回茶桌，以高冲法加水至七分满，静待 2 分钟即可品饮。